インターフェース SPECIAL

あのラズベリー・パイも
このラズベリー・パイもサクサク動かせる！

ブラウザでお絵描きI/O!
Node-REDで極楽コンピュータ・プログラミング

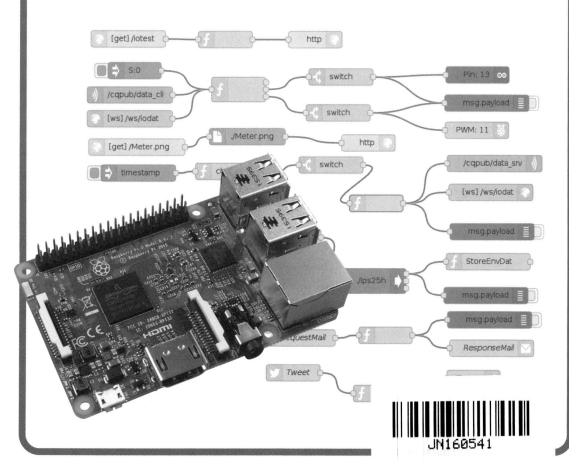

CQ出版社

まえがき

　Node-RED はグラフィカルにモジュールを配置/接続してシステムを作成していく，いわゆるビジュアル・プログラミング・ツールです．現状では多くの人が，Node-RED のようなビジュアル・プログラミングの実用性について懐疑的であろうと思います．

　著者も，Node-RED で実際にアプリケーションを作成するまでは，面白い玩具程度で実用には程遠いものだろうと思っていました．Node-RED のサンプルなどを見ていても，単なるサンプルのようなものばかりで，あまり具体的な用途が見えなかった，ということが大きかったように思います．

　ところが，実際に少しずつ Node-RED を動かしてみるうちに，そのイメージは大きく変わりました．Node-RED は JavaScript をベースにした汎用プログラミング・ツールだったのです．

　従来のようなすべてをテキストで記述するプログラミングの場合，どうしてもプログラムの全体像が見えにくく，また I/O（入出力）などにはそれぞれ独特な記述が必要で分かり難いものでした．ネットワーク関係などになればなおさらです．

　これが Node-RED で一掃されたのです．Node-RED では，全体像はグラフィカルな図で一目瞭然です．そして，面倒な入出力はノードというモジュールで隠蔽されています．ユーザは本当に注力したい部分，すなわちノードが入出力するメッセージ（msg オブジェクト）の処理を記述すればよいのです．

　本書では，著者が感じていた「具体的な応用がなかなか見えなかった」という経験から，一つ一つのノードの説明など，Node-RED そのものの説明よりも，実際に動くひな型のようなシステムの作成を通して Node-RED の実用性を感じていただけるように考えました．

　最終章の I/O アクセスを追加するところまでは，Raspberry Pi がなくても Windows 版で試すことができるので，ぜひ一度体験してみていただければと思います．

2016 年 1 月　桑野　雅彦

目次

第1章　Node-Red で IoT 入門 6

1.1　IoT≒「とりあえずネットしよう」 6
1.1.1　IoT の考え方自体は昔からあったが手軽ではなかった 6
1.1.2　何でもネットの時代 6

1.2　ネットワーク対応プログラミングを大きく変える Node-RED 7

1.3　Node-RED で作ったサンプル・システムの構成 7

1.4　Node-RED ならサーバ/クライアント・システムを楽々構築 10
1.4.1　Node-RED のデザイン 10
1.4.2　基本的な通信機能，I/O 機能は用意されている 10

1.5　Node-RED は「良いとこ取り」 11

第2章　Raspbian のインストール 13

2.1　インストールの準備 13

2.2　NOOBS のダウンロードと書き込み 14

2.3　起動とインストール 15

2.4　Raspberry Pi で I^{2}C，SPI を使用可能に設定 16
- 起動できなくなったら SHIFT キー，それでもだめなら fdisk 16

2.5　Wi-Fi ドングルでネット接続 17

第3章　Node-RED のインストール 18

3.1　Raspberry Pi の場合 18

3.2　Windows の場合 19
3.2.1　Node.js をインストール 19
3.2.2　Node-RED をインストール 19

3.3　Arduino と接続するために Firmata をインストール 19

第4章　手始めにブラウザ表示 21

4.1　従来手法による簡易ウェブ・サーバ 21

4.2　Node-RED ならノードを繋ぐだけ 22

4.3　Node-RED を起動 22

4.4　デザイン画面でノードを配置 22
4.4.1　http ノードの配置 23
4.4.2　function ノードと template ノードの配置と接続 23
4.4.3　http response ノードの配置と接続 26
- function の書き方 26

- ✓ Method 欄の指定可能項目 26
- 4.5 実行してみよう 27
- 4.6 本章のまとめ 27

第 5 章　WebSocket で双方向通信のひな型を作成 29

- 5.1 双方向通信システムの動作 29
- 5.2 システムのデータ・フロー 30
- 5.3 WebSocket で簡単双方向通信 31
  - 5.3.1 双方向通信に適さない HTTP 31
  - 5.3.2 双方向通信に適する WebSocket 31
- 5.4 WebSocket による複数接続とデータ変更時の動作 32
  - 5.4.1 クライアントからの接続 32
  - 5.4.2 クライアントでの設定変更 32
  - 5.4.3 全クライアントに変更発生を通知 34
  - 5.4.4 再描画 34
- 5.5 メッセージの種類 34
- 5.6 Node-RED によるデザイン 36
  - 5.6.1 HTTP を使ったウェブ・ページの表示処理（一番上のフロー） 36
  - 5.6.2 WebSocket 受信を使った変更値の保存処理（上から二番目のフロー） 40
  - 5.6.3 WebSocket 送信を使った変更通知/更新要求処理（上から三番目のフロー） ... 41
- 5.7 実行してみよう 44
- 5.8 本章のまとめ 44
  - ✓ function の記述方法 44
- 5.9 補足：Node-RED 0.13.1 以降のグローバル変数アクセス 45
  - ✓ グローバル変数は context/context.global 46

第 6 章　Canvas でアナログ・メータを描画 48

- 6.1 メータ画面の作成方法 48
  - 6.1.1 Canvas 要素で描画 48
  - 6.1.2 描画の考え方 49
- 6.2 ウェブ・ページの表示処理に追加したメータ描画処理 50
  - 6.2.1 レイヤの作成 50
  - 6.2.2 指針の描画 50
  - 6.2.3 文字盤の描画 54
- 6.3 Node-RED 側の変更 54
- 6.4 実行してみよう 55
- 6.5 本章のまとめ 56

第 7 章　MQTT/メール/Twitter で外からアクセス 57

- 7.1 三つの手段の特徴 57
  - 7.1.1 MQTT 57

	7.1.2	メール	57
	7.1.3	Twitter	58

7.2 MQTT の利用 ... 58

7.3 MQTT によるリモート・アクセスの考え方 ... 59

	7.3.1	サーバ側の改造	60
	✓	小容量データ交換に適したプロトコル MQTT	61
	7.3.2	クライアント側の作成	63

7.4 メールの利用 ... 64

	7.4.1	e-mail ノードの設定	64
	7.4.2	メール送受信ファンクション	64

7.5 Twitter の利用 ... 66

	7.5.1	twitter ノードの設定	66
	7.5.2	Twitter 送受信ファンクション	68

7.6 実行してみよう ... 69

	7.6.1	MQTT によるサーバとクライアントの連動	69
	7.6.2	メールによる連携動作	69
	7.6.3	Twitter による連携動作	70

7.7 本章のまとめ ... 71

第 8 章　Raspberry Pi+Arduino で拡張 I/O ... 72

8.1 Node-RED が持つ主な入出力手段 ... 72

8.2 exec ノードで外部コマンドを起動 ... 73

8.3 rpi-gpio ノードで GPIO 入出力．ここでは PWM 出力 ... 74

8.4 arduino ノードで Arduino の I/O をコントロール ... 74

8.5 入出力テスト用フローの作成 ... 75

	✓	PC からマイコンを制御するためのプロトコル Firmata	75
	8.5.1	Arduino 上の LED を点滅	76
	8.5.2	Raspberry Pi の GPIO 出力（ここでは PWM 出力で LED 輝度調整）	76
	8.5.3	Raspberry Pi の GPIO 入力（スイッチ入力）	77
	8.5.4	exec ノードで外部プログラムの起動	78

8.6 入出力テスト用フローの動作確認 ... 80

8.7 メータ付きアプリケーションに入出力を追加 ... 81

	8.7.1	Arduino/PWM 出力	82
	8.7.2	外部プログラムによる気圧/温度データ取得	84

8.8 実行してみよう ... 87

8.9 本章のまとめ ... 87

	あとがき	90
	参考文献	91
	索引/Index	92
	本書のサポート・ページ	94
	著者略歴	95

第1章 Node-Red で IoT 入門

1.1 IoT≒「とりあえずネットしよう」

　近年，IoT（Internet of Things）という言葉を目にする機会が多くなっています．IoT を直訳すれば"モノのインターネット"となります．日本語としては少々おかしいような気がしますが，要するに PC やスマートフォンのような IT 機器ではない"その他の'モノ'によるインターネットの利用"という程度の意味だと思えばよいでしょう．

　「その他の"モノ"」は何も新しい分野の製品に限定されることはありません．赤外線リモコンとインターネットが接続すれば，外出先から部屋の家電が制御できるようになりますし，電子ロック方式の玄関キーをインターネットと接続して，スマートフォンで認証しないと開かないようにする，といったこともできるようになります．

　このように，今までインターネットとは直接関係なさそうだったものでも，インターネットと繋ぐことで使い道が大きく広がったり，インターネット接続を前提とすれば，新しい使い道が開けたりするのです．

1.1.1　IoT の考え方自体は昔からあったが手軽ではなかった

　インターネットの黎明期に，学生が自動販売機のドリンクが冷えたかどうか，センサを付けてネットワーク経由で温度を確認できるようにしたという話もあるように，実は PC やスマートフォン以外のいわゆる"モノ"をネットワーク対応にしたり，さらにインターネット経由でアクセスできるようにするという考え方自体は昔からありました．

　ただ，TCP/IP などのプロトコルを実装し実用的なネットワーク対応機器として使えるようにするのは低価格なワンチップ・マイコンにはやや負荷が重いものですし，Linux などが動くボードとなると，どうしてもサイズが大きかったり値段も数万円以上と高価なものばかりという状況でした．

1.1.2　何でもネットの時代

　しかし時代は変わりました．Raspberry Pi などのシングル・ボード・コンピュータがわずか数千円で簡単に入手できるようになりました．

　よく使われている Raspberry Pi のスペックは，CPU は 700MHz から 1GHz の 32bit ARM プロセッサ，メモリは 256MByte や 1GByte と大容量，イーサネットや USB，HDMI 付きで外部インターフェースも充実しています．しかも，最初からさまざまなツール，ユーティリティ類がプリインストールされた OS（Linux）が無償で提供されています．

　ほんの少し前の 8bit や 16bit マイコン・ボードとほとんど変わらない価格で，これだけのものが手

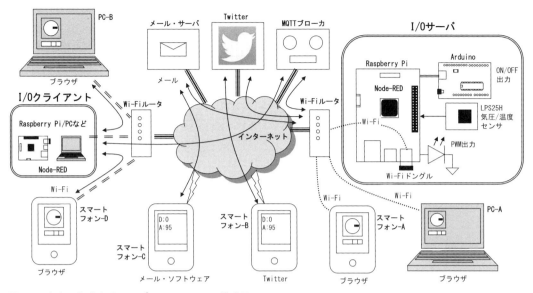

図1-1 本書で作成するサンプル・システムの構成図

に入るのです．まさにシングル・ボード・コンピュータもワンチップ・マイコン・ボード並みの感覚で使える時代になったと言ってよいでしょう．

いつでもどこでもどの機器でも，LAN/インターネット接続ということが現実になって来ているのです．

1.2 ネットワーク対応プログラミングを大きく変えるNode-RED

LinuxやWindowsにはさまざまなツールやユーティリティ類がそろってはいますが，実際になんらかの目的に使おうとすると，どうしてもそれぞれの目的に応じたプログラムを組まなくてはなりません．

しかし，プログラミングというのはとかくやっかいなものです．特にネットワークを使うことになると，単なるデータのやりとりだけでも知らなくてはならないことが数多くあります．

RS-232-Cでターミナル・ソフトウェアと繋いだり，I²CでセンサICを繋ぐのとはかなり勝手が違います．「Linuxならネットワーク・サポートが充実」などと言われても，なかなか実際のプログラミングまでは手が出しにくいというのが現実でしょう．

このような状況を大きく変えるのが本書で扱うNode-REDです．

1.3 Node-REDで作ったサンプル・システムの構成

図1-1は本書で作成したサンプル・システムの構成図です．I/OサーバとI/Oクライアントのどちらもその Node-REDで作成しています．

右側のI/Oサーバと書いた部分がRaspberry Piで作成したもので，気圧/温度センサやLED，そしてArduino（8bitワンチップ・マイコンAVRを使用した汎用マイコン・ボード）と接続しています．

第1章　Node-RedでIoT入門

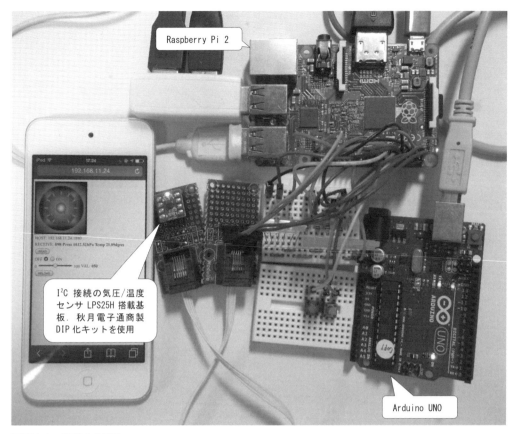

写真1-1　実験中の様子

　写真1-1は実験中の様子です．配線が入り組んでいるのは，LEDを8点用意したりと，今回使用していないものが繋がっているためです．

　モジュラ・ケーブルで繋がっている小さな基板に乗っているのがI²C接続の気圧/温度センサです．

　I/Oサーバへのアクセスはネットワークを利用し，次のようなアクセス方法を用意しました．

- PCやスマートフォンなどからのブラウザを使ったアクセス（PC-A/スマートフォン-A）
  ボタンやスライダ，メータなどを併用した出力設定やセンサ値表示
- Twitterを使ったリモート・アクセス（スマートフォン-B）
  Twitterのメッセージで出力を変更したり，現在の出力値やセンサ値などを返信として受信
- メールを使ったリモート・アクセス（スマートフォン-C）
  メールを利用して出力を変更したり，現在の出力値やセンサ値などを返信として受信
- MQTT(小容量のデータ交換サービス)を使ったI/Oクライアントとの通信(左側のRaspberry Pi/PCなど)

　I/OクライアントはI/Oサーバと同様にPCやスマートフォンなどのブラウザからのアクセスをサポートしています．ブラウザでアクセスするとI/Oサーバと同じ画面が表示され，同じような使い勝手でI/Oサーバの出力を変化させたりセンサ情報を取得できます．

　I/Oサーバとブラウザの間はWebSocketで接続しており，出力値の変更などが発生したときはす

1.3 Node-REDで作ったサンプル・システムの構成

I/Oクライアント側の画面

MQTTにより両者が連動

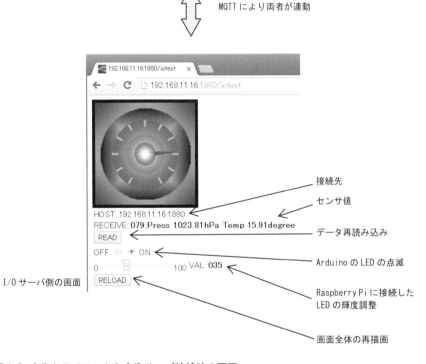

I/Oサーバ側の画面

- 接続先
- センサ値
- データ再読み込み
- ArduinoのLEDの点滅
- Raspberry Piに接続したLEDの輝度調整
- 画面全体の再描画

図1-2 I/OクライアントとI/Oサーバ接続時の画面

べてのクライアントに新しい情報が通知されます．これにより，例えばPC-Aでスライダを操作すると，スマートフォン-Aなどのほかの機器のスライダも自動的に移動します．

図1-2はI/OサーバとI/Oクライアントに接続したときの画面です．I/OクライアントはPC版のNode-REDで作成しました．

メータは内部の動作カウント値を表示，その下には接続先のI/Oサーバ，I/OクライアントのIPアドレス，その下がI/Oサーバから伝えられた気圧と温度です．ラジオ・ボタンはArduinoのLEDの点滅，スライダはRaspberry PiのLEDの輝度調整です．

1.4 Node-REDならサーバ/クライアント・システムを楽々構築

このサンプル程度のものでも，一からプログラムを組んだとしたらそれなりに面倒なものですし，ちょっとした仕様変更でも，あちらを直しこちらを変更し…という具合になりそうだということは容易に想像できることでしょう．

1.4.1 Node-REDのデザイン

それでは実際のNode-REDによるデザインを見てみましょう．図1-3はI/Oサーバ，図1-4はI/Oクライアントのデザイン画面です．

デザイン画面自体はこの画面1枚だけです．今までのテキスト・ベースのプログラミングの感覚とはあまりにも違うということに驚かれたかもしれません．

なにやら四角いものが並んでいますが，これが「ノード」と呼ばれる機能モジュールです．左側がメッセージ入力端子，右側がメッセージ出力端子になっていて，入出力を互いに繋いでいくことでメッセージの流れ（フロー）を作り，全体の動作を表現するわけです．

一つの入力に複数のノードの出力が繋がっていてもかまいませんし，一つのノードの出力が複数のノードの入力に繋がっていてもかまいません．出力がほかのノードを通って再び自分の入力に戻るようなことをしてもかまいません．

1.4.2 基本的な通信機能，I/O機能は用意されている

HTTPによるやりとりのほかTwitter，メール送受信などの面倒な通信部分，Raspberry PiのI/Oアクセス，Arduinoとの通信部分などは，用意されたノードを使うだけで実現できるので複雑な知識

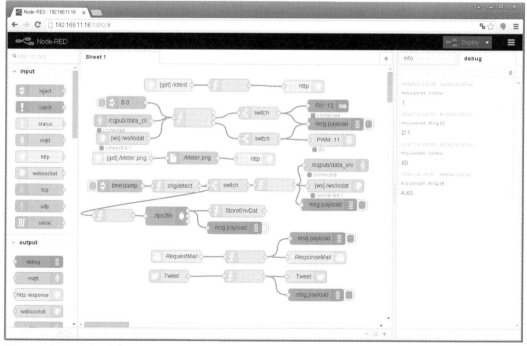

図1-3　I/Oサーバのデザイン画面

は不要です．左端に　　　が描かれた「function」ノードはユーザがメッセージ処理をJavaScriptで自由に記述できるノードです．

「きっとfunctionノードの中身がすごいことになっているのだろう」と思われるかもしれませんが，一番サイズが大きいのはブラウザからのアクセスに応答して返す200行程度のHTMLです．その他の「function」ノードは数行から長くても30行程度のものに過ぎません．

1.5　Node-REDは「良いとこ取り」

実は，Node-REDのようなグラフィカルにプログラミングを行う，いわゆるビジュアル・プログラミング・ツールは今までにもいろいろなものがありました．ただ，それらの多くは有償であったり，子供向けや教育用，特定分野向けの色合いが強いなど，汎用的，組み込みマイコン的な用途で気楽に使えるようなものではありませんでした．

Node-REDはオープンソース・ソフトウェアで無料で利用できます．また，実際に今回のようなアプリケーションが作成できたことからも分かる通り，さまざまな用途に利用できるのです．

従来型の特にC言語のような手続き型の言語に慣れ親しんでいる方にとっては，ビジュアル・プログラミングというのは違和感があるだろうと思います．できることもごく限られたもののように思えるかもしれません．実は著者も実際に使うまではそのように考えていました．プログラムのすべてをノードの結線で記述するのでは，凝った処理はほとんど記述できるはずがないと思っていたというのも大きな理由です．

しかし，実際のNode-REDは，従来型のプログラミングとビジュアル・プログラミングを併用し

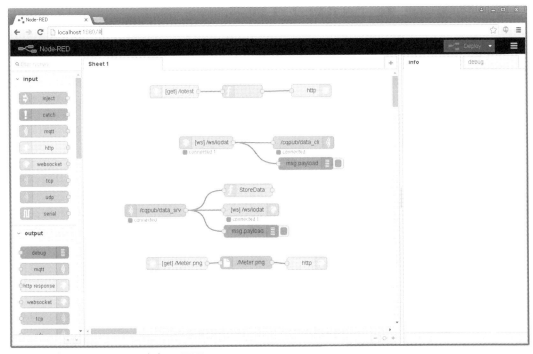

図1-4　I/Oクライアントのデザイン画面

た自由度の高いものでした．

　面倒な入出力や簡単なデータの始末程度は既存のノードに任せ，「function」ノードの中にJavaScriptで処理を記述します．JavaScriptでは難しいようなものや既存のプログラムを利用したいときは「exec」ノードを利用して外部プログラムを起動すればよいのです．

　ちなみに，今回のシステムではRaspberry PiのI^{2}Cバスに接続された気圧/温度センサの値を読み出すプログラムをC言語で作成し，Node-REDから「exec」ノードで利用しています．また，本書では扱いませんでしたが，「サブフロー」という形でビジュアル・プログラミングの階層化も可能です．

　Node-REDは，ビジュアル・プログラミングを最上位階層の記述に利用し，下位層はJavaScript，外部プログラムの三つを自由に組み合わせてシステム全体を記述する，まさに「良いとこ取り」な開発環境なのです．

第2章 Raspbian のインストール

　Linux のインストールやセットアップというと，イメージ・ファイルを書き込みツールを使って書き込み，なにやらレガシーなセットアップ画面で難儀したり，場合によってはコマンドラインで呪文のような設定ファイルを直接いじくったりと面倒かつやっかいで，初心者にとっては不気味な感じのするようなものでした．

　Raspberry Pi では NOOBS（New Out Of the Box Software）というインストーラが作られたことで，インストール作業は非常に簡単になりました．

　Raspberry Pi ではハードディスクの代わりに SD カード（Raspberry Pi 2 は microSD カードなので購入時に注意）を使用します．起動後に使用量を調べてみると，4GByte を少し超えるくらい（うち 1GByte は NOOBS 自身のリカバリ領域）でした．4GByte だと少し足りないので，8GByte 以上のものを用意してください．

2.1 インストールの準備

　Raspberry Pi 以外に用意する主なものは次の通りです．Raspberry Pi と Raspberry Pi 2 ではかなり異なるので注意してください．

- 8GByte 以上の SD カード（Raspberry Pi 2 の場合は microSD カード）
- USB 接続のメモリ・カード・リーダ/ライタ
- 1A 以上の USB 電源アダプタ（Raspberry Pi 2 の場合は 2A 以上を推奨）
- HDMI ディスプレイ（最初の起動/設定時に必要）
- USB キーボード，USB マウス（最初の起動/設定時に必要）
- USB Wi-Fi ドングル（なくても可）

　Raspberry Pi は，電源コネクタに USB コネクタを利用しています．ボードに付いているコネクタの形状に合わせて用意してください．

　Wi-Fi ドングルは使わずに有線 LAN で接続してもかまいません．ただ，現在では家庭内で Wi-Fi ルータを使われている方も多いことでしょうし，Raspberry Pi からも家庭内 Wi-Fi に接続できると何かと便利です．

　Raspberry Pi には Wi-Fi は内蔵されていませんが，USB ポートに接続する Wi-Fi ドングルで対応できるものがあります．

第2章 Raspbianのインストール

　USB‐Wi-Fiドングルで，パッケージにRaspberry PiやLinuxに対応していることをうたったものはあまり見かけませんが，実際には動作するものがいろいろあるようです（メーカ/型名はいろいろあるが，使われているICは同じなのだろう）．

　著者は手元にあったアイ・オー・データ機器のWN-G150UMWを使いました．このほかにも，

- アイ・オー・データ機器
  WN-G300UA
- ロジテック
  LAN-WH300NU2
- バッファロー
  WLI-UC－GNM
- プラネックスコミュニケーションズ
  GW-USNANO2A，GW-USECO300A

なども利用できるようです．

2.2 NOOBSのダウンロードと書き込み

　NOOBSをダウンロードしましょう．

　図2-1のように，

　　https://www.raspberrypi.org/downloads/noobs/

NOOBS（LITEではない方）をダウンロードする

図2-1　NOOBSのダウンロード

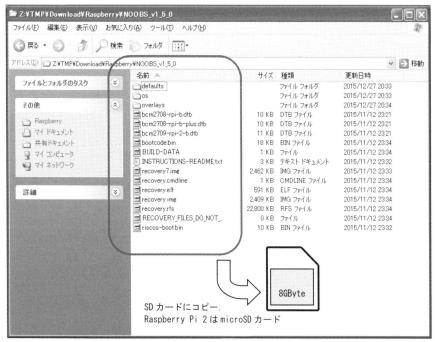

図 2-2　NOOBS を展開して SD カードにコピー

から，「NOOBS」（LITE ではない方）の「Download ZIP」をダウンロードします．

右側にある NOOBS LITE の方は必要最小限のローダのみで，その他のファイルはすべてネットワーク経由で持ってくるため，インストールに時間がかかります．今回のような実験では何度もインストールし直したり，カードを何枚も作成するようなこともあると思われるので，1 回ダウンロードするだけでよい NOOBS の方が便利でしょう．

ダウンロードしたファイルを解凍すると図2-2のようにさまざまなファイルやディレクトリが作られますが，これを丸ごと SD カード（Raspberry Pi 2 は microSD カード）にコピーします（ドラッグ＆ドロップする）．特別な書き込みツールは必要ありません．通常のファイル・コピーと同じです．

2.3　起動とインストール

SD カードを Raspberry Pi に実装して起動します（Raspberry Pi 2 は microSD カード）．

最初に「Raspbian」を選択し，言語は英語（en），キーボードは使用しているキーボード（日本語なら jp）にしておきます．あとは，自動的にインストールが進みます．

起動してからログイン名とパスワードを尋ねられたら，

- ユーザ名：pi
- パスワード：raspberry

を使用します．SSH を使ったターミナル接続（TeraTerm など，一般的なものが使用できる）や，SFTP を使ったファイル転送なども設定済みです．

再インストールしたくなったときは，SHIFT キーを押しながら起動します．

第 2 章　Raspbian のインストール

図 2-3　コンフィグレーション・ツールの起動

図 2-4　「SPI」と「I2C」を利用可能にする

2.4　Raspberry Pi で I²C，SPI を使用可能に設定

デフォルトでは I²C と SPI を使用しない設定になっていますが，本書では I²C を使用します．また，I²C と同様に，SPI バスもイネーブルにしておいた方がさまざまなセンサ IC などを繋ぐ際に便利でしょう．

といってもやることは簡単です．図 2-3 のように，左上の「Menu」アイコンをクリックして現れるプルダウン・メニューから「Preferences」→「Raspberry Pi Configuration」を選びます．図 2-4 のような設定画面が現れるので，「Interfaces」タブで「I2C」と「SPI」を「Enabled」にしておきます．

この後再起動すれば I²C と SPI が使用可能になります．

✓　**起動できなくなったら SHIFT キー，それでもだめなら fdisk**

　Raspberry Pi で起動した後の SD カードを Windows 上で見てみると約 1GByte のメモリ・カードになっていて，この中に先ほど（本文参照）コピーした NOOBS のファイルがあります．実は，この領域はリカバリ用の領域になっていて，Raspberry Pi の起動時に SHIFT キーを押していると，OS を再インストールできるようになっています．

　Linux 上でいろいろいじってしまい再起動できなくなったときや，設定を全部ご破算にして最初からやり直したくなったときにはこれが有効です．

　また，SD カードを再び Windows などで使いたくなったときは，Linux の fdisk コマンドを使ってパーティションを作り直すことで対応できます．

　まず，最小限の容量のカードで「お助け用 Linux 起動 SD カード」を作成して起動します．救済したいメモリ・カードを USB 接続のメモリ・カード・リーダ/ライタに入れて接続すれば，/dev/sda などのデバイス名で認識されます．そして Linux 上のコマンドライン・ツール fdisk を使って SD カードのパーティションをすべて消去した後，全領域を FAT32 に戻します．この後は Windows 上で再フォーマットできるようになります．

図 2-5　Wi-Fi の設定

2.5　Wi-Fi ドングルでネット接続

Raspberry Pi には Wi-Fi は内蔵されていませんが，USB 接続の Wi-Fi ドングル（USB - Wi-Fi アダプタ）が利用できます．

図 2-5 のように画面右上をクリックします．この図ではすでに接続済みの状態ですが，接続するまでは PC のアイコンが表示されるので，これを左クリックします．

見つかった Wi-Fi ネットワークの一覧が表示されます．接続先を指定して，パスワード（キー）を入力してください．

しばらくすると，図のような扇形のアイコンに変わります．

第3章 Node-RED のインストール

続いて本書の本命である Node-RED をインストールします．参考文献1に説明があるので，そちらも参照してください．

なお，Node-RED をインストールするにはインターネット接続が必要です．

Node-RED は Raspberry Pi だけでなく，Windows など，さまざまなプラットフォームに移植されています．いつも使っている PC にもインストールしておくと，同じ環境で動作実験ができて何かと便利なので，ここでは Raspberry Pi 版と Windows 版について説明します．

3.1 Raspberry Pi の場合

Raspberry Pi の Node-RED のインストールは非常に簡単で，シェル（コマンドライン）で，

```
sudo apt-get update
sudo apt-get install nodered
```

とするだけです．

図 3-1 は apt-get update を始めたところ，図 3-2 が apt-get install nodered を始めたところです．Y/n のところでは単に Enter を押せば大文字側（この場合なら Yes）になり，インストールが続行されます．

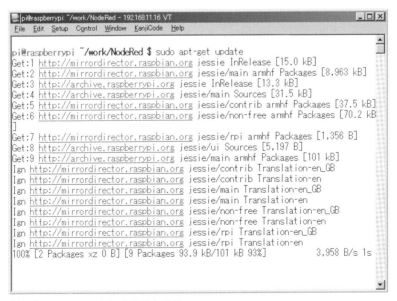

図 3-1　apt-get update を始めたところ

3.2 Windowsの場合

Windowsの場合には，

① Node.jsをインストール

② Node.js command promptからNode-REDをインストール

という2ステップで行います．Node-REDはNode.jsで動くアプリケーションという扱いなので，別々にインストールする必要があるのです．

3.2.1　Node.jsをインストール

Node.jsはNode-REDのサイトからもダウンロードできるようになっていますが，本家（参考文献2）からダウンロードしてもよいでしょう．32bit版と64bit版のインストーラがあるので，環境に合ったものをダウンロードして実行すれば完了します．

3.2.2　Node-REDをインストール

Node.jsのインストールが終わったら，「Node.js command prompt」を起動して，

```
npm install -g --unsafe-perm node-red
```

という具合に，npmコマンドでNode-REDをインストールします．

3.3 Arduinoと接続するためにFirmataをインストール

Rasberry Pi用のNode-REDでは，Raspberry PiのGPIOを操作するノードも用意されていますが，Raspberry PiにArduinoを接続してI/O機能を拡張することもできるようになっています．今回はArduinoのLEDのON/OFFを行ってみました．

Raspberry PiとArduinoはUSBケーブルで接続しますが，デバイスとしてはUSB - シリアル，

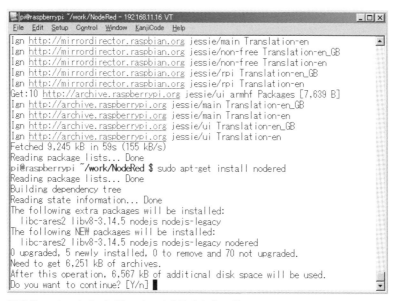

図3-2　apt-get install noderedを始めたところ

つまり UART 接続として利用しています．

Arduino との通信で使われているプロトコルは Firmata と呼ばれています．電子楽器で広く利用されてきた MIDI をベースにして，ディジタルやアナログの入出力コマンド/レスポンス用にしたものです．

Firmata プロトコルや Arduino の Firmata の実装については，参考文献 3,4 を参考にしてください．

Node-RED で Firmata を利用するときは，

```
cd ~/.node-red
npm install node-red-node-arduino
```

とします．~/.node-red ディレクトリがないときは手動で作成してもよいですし，Node-RED を 1 回起動すれば自動的に作成されます．

ただし，本稿執筆時点ではこのままではうまくいきませんでした．npm によるインストールがうまくいかないときは次のように操作してから，やり直してみてください（参考：参考文献 5）．

＊Raspberry Pi の場合

```
sudo apt-get remove nodered
sudo apt-get remove nodejs nodejs-legacy
wget http://node-arm.herokuapp.com/node_archive_armhf.deb
sudo dpkg -i node_archive_armhf.deb
sudo apt-get install build-essential python-dev python-rpi.gpio
sudo npm cache clean
sudo npm install -g --unsafe-perm node-red
```

＊Raspberry Pi 2 の場合

```
sudo apt-get remove nodered
sudo apt-get remove nodejs nodejs-legacy
curl -sL https://deb.nodesource.com/setup_4.x | sudo bash -
sudo apt-get install -y build-essential python-dev python-rpi.gpio nodejs
sudo npm cache clean
sudo npm install -g --unsafe-perm node-red
```

第4章 手始めにブラウザ表示

　Node-RED にはデバッグ出力用に「debug」ノードがあります．「debug」ノードは動作確認などに便利ですし，これだけでもさまざまな応用ができますが，せっかく Node-RED を利用しているのですから，ウェブ・サーバを作成してブラウザに表示させてみることにしましょう．

4.1 従来手法による簡易ウェブ・サーバ

　Node-RED で作成する前に，従来手法だとどうなるかを見てみましょう．

　ブラウザはウェブ・ページを表示するとき，アクセスするウェブ・サーバに HTTP プロトコルで GET リクエストを行い，アクセスされたウェブ・サーバはそれに対応した HTML ファイルを返します．ブラウザはサーバが返してきた HTML ファイルを解釈し表示/描画します（HTML ではない，テキストでも文字表示される）．

　従来のようにプログラミング言語で一から作る方法では，単に HTML ファイルを返すような単純なものであっても呪文のような手続きがいくつも必要です．

　例えば，パス名などを一切無視して単にサーバにアクセスされたら無条件に，

```
Hello NodeJS!
```

という文字を返すものを Node-RED のベースになっている Node.js で書くと次のようになります．

```
var http = require('http');
http.createServer(function (req, res) {
  res.writeHead(200, {'Content-Type': 'text/plain'});
  res.end('Hello NodeJS!¥n');
}).listen(1800, '192.168.11.16');
```

　このサンプルは，「Node.js を使えばウェブ・サーバがわずか 5 行で書ける！」と，入門書などでもよく取り上げられている例です．

　確かに行数も少なくてシンプルですが，これをきちんと理解しようとすると，やれ require とは何だ？，http.createServer って何？という具合に，意外と面倒そうだなと感じられるのではないでしょうか．

　また，これに手を加えて，

　　http://192.168.11.16:1800/abc　と　http://192.168.11.16:1800/xyz

で，別々の動きをするようにしようとしたら，クライアントから来た URL をデコードし，クライアントに返す文字列を切り替えるといった処理が入ってきます．

確かにサンプルだけなら5行で書けて簡単ではありますが, ある程度実用的なものを作ろうとすると, それなりに面倒という感じがするのではないでしょうか.

4.2 Node-REDならノードを繋ぐだけ

さて, それでは Node-RED だとどうでしょう. Node-RED ではデータ・フロー, すなわちデータやメッセージの流れを主体として考えます.

データ・フローで考えると, 簡易サーバの動きは次の3ステップの動作に分けて考えることができます. Node-RED ではノードをこの通りに繋いでいけばよいのです.

① 入力

クライアント（ブラウザ）からの GET リクエストを「http」ノード（HTTP リクエスト入力）で受け取り, ノードからメッセージ出力

② メッセージ処理

メッセージが入力されると HTML ファイルを出力

③ 出力

②から受け取った HTML を「http response」ノード（HTTP レスポンス）でクライアントに戻す

4.3 Node-REDを起動

いろいろ説明するより, まずはやってみましょう.

まず, Node-RED を起動します. ここでは,

```
node-red  ./http.json
```

とします. http.json はプログラム・ファイル名です.

ファイル名を付けないとき（付け忘れたとき）はホーム・ディレクトリ（Linux なら~/, Windows なら C:¥Documents and Settings¥ユーザ名）の下の.node-red/lib/flows の下に適当な名前で作られる. 拡張子は.json）.

なお, いずれの場合でも実際にファイルが作成されるのは, 右上の［Deploy］ボタン Deploy をクリックした後です.

4.4 デザイン画面でノードを配置

図4-1のように, ノードを配置します. 図の上側の3個のノードが,

```
http://xxxx:1880/function
```

にアクセスしたときの応答処理で, 応答文字列を「function」ノードを使って作成しています（xxxx は Raspberry Pi の IP アドレス）.

下側の3個のノードは,

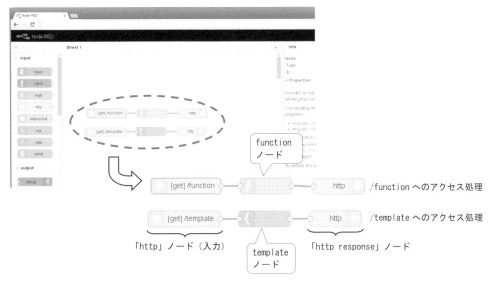

図 4-1　Node-RED によるウェブ・サーバのデザイン

　　http://xxxx:1880/template

にアクセスしたときの応答処理で，こちらは「template」ノードを使っています．

「function」ノードは中身を JavaScript の関数として記述するもので，関数の戻り値がノードの出力になります．

「template」ノードはメッセージが入力されるとあらかじめセットしておいた文字列を出力するというものです．入力されたメッセージと結合して出力することもできます．

ここではこの両方を試してみます．

4.4.1　http ノードの配置

図 4-2 のように，「input」カテゴリの中から「http」ノードを選択して配置します．

配置したものをダブルクリックして，図のように，

- 「Method」を「GET」に設定
- 「URL」にブラウザからアクセスするときのパス（今回は/function と/template）を設定

としておきます．

4.4.2　function ノードと template ノードの配置と接続

次に HTTP で GET リクエストされたときに動作するファンクションやテンプレートを配置します．図 4-3 のように，/function パス側に「function」ノードを，/template パス側に「template」ノードを追加して接続します．

ノードの接続は，例えば「http」ノードと「function」ノードを接続する場合は，「http」ノードの ◯ をマウスでクリックし「function」ノードの ◯ にドラッグします．

第4章　手始めにブラウザ表示

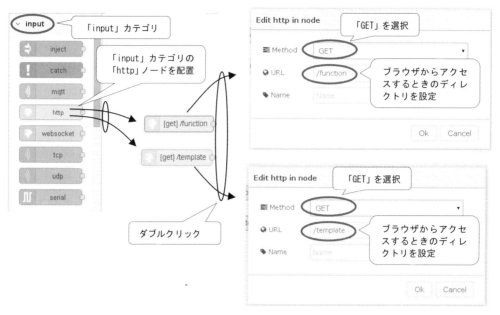

図4-2　httpノード（入力）の配置と設定

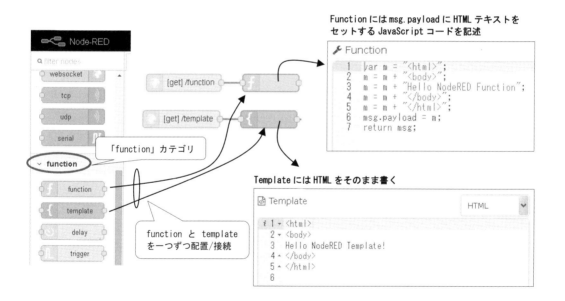

図4-3　functionノードとtemplateノードの追加と設定

templateノード

「template」ノード側は,

```
<html>
<body>
Hello NodeRED Template!
</body>
</html>
```

という具合に,HTMLを直接記述します.

ここでは単純に「Hello NodeRED Template！」と表示するだけです.もちろんもっと複雑なものでも大丈夫ですし,JavaScriptなどを埋め込むのも自由です.

functionノード

「function」ノードは関数なので,HTMLをmsg.payloadにセットして戻り値にします.関数の記述はJavaScriptそのものです.

ここでは次のように記述しています.

```
var m = "<html>";         // 変数mの作成と初期値設定
m = m + "<body>";         // 以下,HTMLの追加
m = m + "Hello NodeRED Function";
m = m + "</body>";
m = m + "</html>";
msg.payload = m;          // msgメッセージのpayloadにHTMLテキストを代入
return msg;               // msgを関数値として返す（ノードから出力する）
```

ここでは,templateと対応しやすいように複数行に分けて"＋"演算子で結合していますが,1行にまとめて書いても問題ありません.

C言語などでは変数に「型」がありますし,文字列を結合するにもstrcat()などの結合用の関数を呼び出すところですが,JavaScriptの場合は変数の型宣言は不要ですし,＋演算子が加算なのか文字列の結合なのかといったことも「適当に」判断されます（もちろん,明示的に数値や文字列として扱わせることもできる）.

「function」ノードの場合,例えば,

```
m = m + "Hello NodeRED Function ";
a = 11+25;
m = m + a
```

などとすれば,

```
Hello NodeRED Function 36
```

という具合に演算結果を埋め込むこともできます.

本書の最初に示したサンプルでも,ブラウザがサーバにアクセスしたときのラジオ・ボタンやスライダの初期状態表示にこの手法を利用しています.

第 4 章　手始めにブラウザ表示

4.4.3　http response ノードの配置と接続

template や function の出力を「http response」ノードと接続します．図 4-4 のように，「output」カテゴリにある「http response」ノードを配置/接続します．

これで，HTTP リクエスト（今回は GET リクエスト）への応答（レスポンス）として HTML を

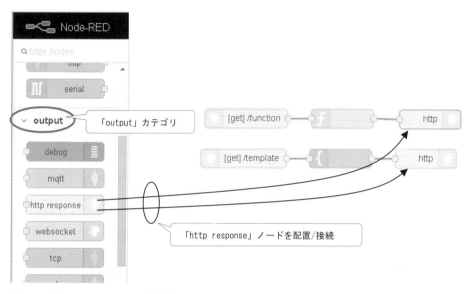

図 4-4　http response ノードの追加

✓　Method 欄の指定可能項目

Method は接続してきたクライアント（通常はウェブ・ブラウザ）からのリクエスト種別です．

「Method」欄で指定できるものは下図のように，

　　GET, POST, PUT, DELETE

に対応しています．

✓　function の書き方

「function」ノード中の記述は JavaScript ですが，複数の値の返し方や context の扱いなど，Node-RED 特有の記述方法があります．

これらについては，参考文献 1 に説明があります．

返すようになります.

4.5 実行してみよう

出来上がったら実行してみましょう. 右上の [Deploy] ボタンをクリックしたら,

 http://xxxx:1880/template

  → 例えば,IP アドレスが 192.168.11.16 ならば http://192.168.11.16:1880/template という具合になる

と

 http://xxxx:1880/function

  → 同様に,http://192.168.11.16:1880/function という具合になる

にアクセスしてみましょう. どのような表示になったでしょうか?

図 4-5 は,ブラウザから/function と/template にアクセスしてみたもので,このようになれば成功です.

予定通り,「function」ノード,「template」ノードの出力が表示されていることが分かります.

4.6 本章のまとめ

「http」ノード,「function」ノード,「template」ノード,「http response」ノードを利用した簡単なウェブ・サーバを作ってみました. 純粋にブラウザに返す文字列を生成する部分を記述しただ

図 4-5 ブラウザでアクセスした結果

けで，それ以外の部分はすべてノードで吸収されてしまい，一般的なプログラミング言語にありがちな，呪文のような関数も何も覚える必要がないということが実感できたのではないかと思います．

ここでの例は非常に簡単なものですが，「template」ノードでもっと複雑な HTML を記述してもかまいません．実際にどのようなメッセージが流れているのか，「debug」ノードを追加して見てみるのも面白いと思います．

第5章 WebSocket で双方向通信のひな型を作成

ブラウザに表示ができるようになりましたが，これだけではまだ現在値が表示されるだけです．

せっかくブラウザと繋がったのですから，Raspberry Pi（Node-RED）と双方向でデータをやりとりする画面のひな型を作ってみましょう．ひな型を元に実際の入出力処理を追加するだけで，基本的な操作が行えるようになります．

相互通信のため，ブラウザに渡す HTML ファイルがやや長くなってしまいますが，Node-RED 側の処理は簡単です．

5.1 双方向通信システムの動作

図 5-1 が作成した双方向通信システムの動作画面です．ファイル名は ioframe.json としました．サーバ（Raspberry Pi）の IP アドレスは 192.168.11.16 です．

イメージとしては，環境モニタ付きの温室コントローラのように，ディジタル出力（ヒータON/OFF），アナログ出力（ヒータ出力）と気圧/温度センサを備えた装置を思い浮かべていただければよいと思います．

「RECEIVE:」欄はサーバ側から送られてきたセンサ情報です．サンプルではダミーのデータを生成して温度と気圧データに見せかけていますが，この欄は単にサーバ側で作成した文字列(テキスト)を表示しているだけなので内容は自由です．先頭に数値 001 がありますが，これは 0~100 の整数値を渡すようにしたものです．このサンプルではセンサ値を更新したカウント値になっています．

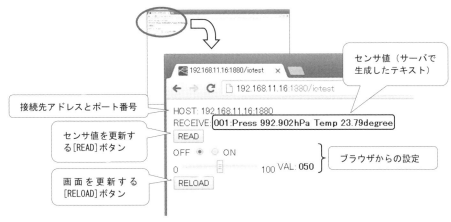

図 5-1 双方向通信システムの画面

第5章　WebSocketで双方向通信のひな型を作成

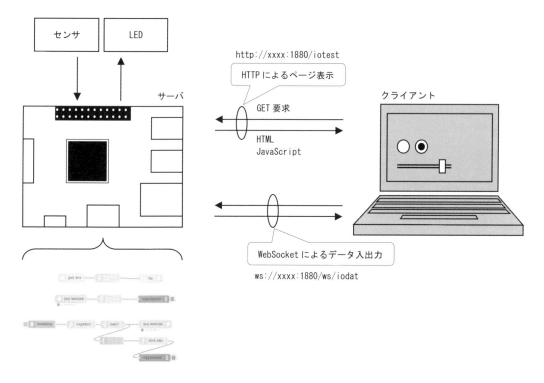

図 5-2　サーバとクライアントの接続（xxxx は IP アドレス）

　［READ］ボタンは，このセンサ値を強制的に再読み込み（更新）するものです．サーバ側にセンサ値の更新リクエストを行うとサーバ側が新しいデータを返します．今回のサンプルでは 60 秒ごとに自動的に更新されるようにしてみました．

　その下のラジオ・ボタンとスライダは，ブラウザ側からの制御出力設定です．複数のクライアントが接続されているとき，いずれか一つのクライアントからラジオ・ボタンやスライダなどを操作すると，変更値はすべてのクライアントに通知され，自動的に全クライアントが同じ設定値になります．

　例えば，ラジオ・ボタンを一つのクライアントで変更すると，ほかのクライアントのラジオ・ボタンも自動的に変更されるという具合です．複数の人が同時にブラウザを開いて操作しても，きちんと連動します．

　必要に応じて入力点数を増やしたりするといった改造も簡単にできると思います．

5.2　システムのデータ・フロー

　基本入出力の考え方を図 5-2 に示します．サーバ（Raspberry Pi＋Node-RED）とクライアント（PC やスマートフォンなどのブラウザ）の間は，

- HTTP（今回は http://xxxx:1880/iotest）
  JavaScript を含むウェブ・ページ表示
- WebSocket（今回は ws://xxxx:1880/ws/iodat）
  スライダなどの変更やセンサ値などのデータのやり取り

の二つの方法で接続されています（xxxx は IP アドレス）．

HTMLの中には画面レイアウトやJavaScriptプログラムが記述してあります．このフローの中では，このHTML（＋JavaScript）が一番行数の多いものになっています．

　JavaScriptが行う主な処理は，WebSocketを使ったデータ送受信や受信されたデータによる描画処理です．ラジオ・ボタンのチェックやスライダ位置の変更情報をサーバに送ったり，サーバから受け取ったデータを使って，センサ値の表示，ラジオ・ボタンやスライダの状態変更などを行います．

　旧来のウェブ・ページ閲覧のようにHTTPだけを使い，スライダ値などの変更もHTTPで通知し，画面全体を定期的に再読み込み（リロード）するという手法もありますが，画面全体がちらつきやすい上にサーバやネットワークの利用効率も良くありません．

　そこで，ここではJavaScriptを利用して，サーバとの間は必要最小限の情報だけをWebSocketでやり取りし，必要な部分だけを書き換えるようにしました．

5.3 WebSocketで簡単双方向通信

　サーバにアクセスしてセンサ値を取得してブラウザに表示したり，逆に出力値をブラウザから送信するといった双方向通信に便利な仕掛けがWebSocketです．

5.3.1　双方向通信に適さないHTTP

　ウェブ・ページの表示などにはHTTPプロトコルが利用されていますが，HTTPでは積極的にサーバからクライアントにデータが送信できません．

　HTTPではクライアントとサーバが接続した後，クライアントがGETなどのリクエストを行うとそれに応じた結果がサーバから送られ，その後はコネクション（接続）を切断してしまいます．サーバからクライアントに接続する仕組みはありません．

　つまり，HTTPではクライアントからサーバにリクエストしない限り，サーバからクライアントにデータを渡すことはできません．

　例えば，現在の気温を表示するページを開いたとき，アクセスした時点での気温を表示することはできますが，クライアント側でページをリロードするなどサーバへアクセスしない限り，1時間たっても2時間たってもそのままになってしまい「現在の気温」ではなくなってしまいます．

5.3.2　双方向通信に適するWebSocket

　HTTPの不便さを解消し，サーバとクライアントの間で双方向通信を行えるようにしたのがWebSocketです．

　WebSocketはHTTPとは異なり，サーバと1回接続する（コネクションを確立する）といずれか一方が切断するまでは接続状態を保持します．この仕組みにより，いつでも双方向にデータをやりとりすることができるのです．

　WebSocketのサーバを作るのはなかなか面倒なものですが，Node-REDでは単に「websocket」ノードを配置して必要最小限の設定を行うだけで利用できます．

5.4 WebSocketによる複数接続とデータ変更時の動作

Node-REDは複数のクライアントからのアクセスを許しています.今回のサンプルでも複数のクライアントからの接続を想定しています.クライアントが複数の状態でのおおまかな動作を,順を追って説明していきましょう.

5.4.1 クライアントからの接続

図5-3に複数のクライアントから接続されたときの状態を示します.Node-REDは複数のクライアントからのGETリクエストに対して,同じようにHTMLファイル(今回はJavaScriptも含む)を返します.

各クライアントのブラウザは受け取ったHTMLファイル,そしてその中に記述されたJavaScriptに従って画面描画を行い,図のように表示されます.

ブラウザさえあれば機種は問わないので,PCでもスマートフォンやタブレットなどでも同じように表示されます.

5.4.2 クライアントでの設定変更

HTMLが読み込まれ各クライアントでJavaScriptが動き始めると,この中でサーバ(Node-RED)側とWebSocketで接続します.

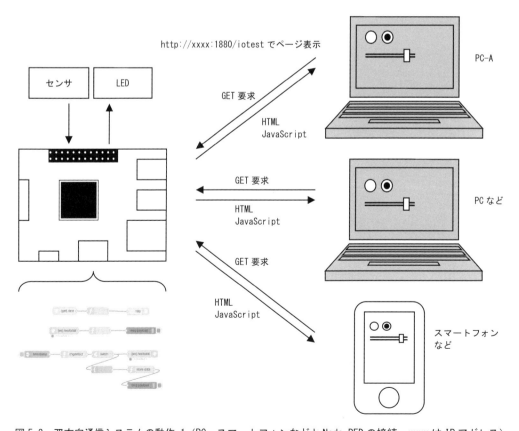

図5-3 双方向通信システムの動作-1(PC,スマートフォンなどとNode-REDの接続.xxxxはIPアドレス)

5.4 WebSocketによる複数接続とデータ変更時の動作

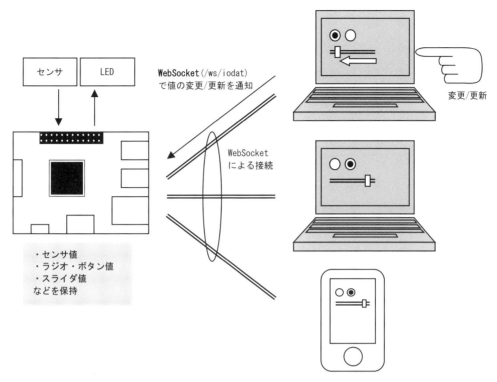

図 5-4 双方向通信システムの動作-2（ラジオ・ボタンやスライダ値などの変更）

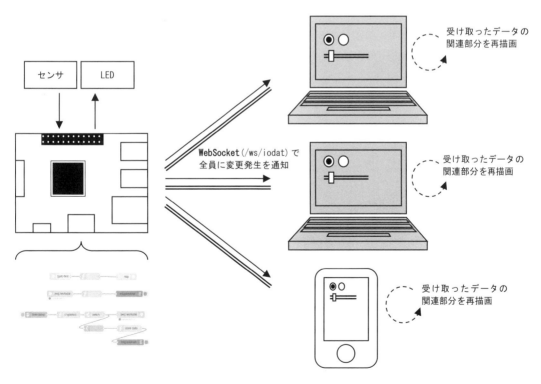

図 5-5 双方向通信システムの動作-3（変更発生の通知）

ここで図 5-4 のように，クライアント側でスライダやラジオ・ボタンを操作すると，その情報が WebSocket 経由でサーバに伝えられます．

サーバ側ではスライダやボタンの状態，センサの値などを保持しているのでこの内容を更新します．

5.4.3　全クライアントに変更発生を通知

クライアントによる設定変更や，サーバ内でのセンサ値の更新（今回は 60 秒ごとに更新するようにしてみた）が発生すると，WebSocket を使って全クライアントに変更発生を通知します．

図 5-5 はこれを図にしたものです．WebSocket は接続したままになっているので，いつでもサーバ側からクライアントにデータを送信することができます．

クライアント側の JavaScript がサーバから送られてきたデータを元に，関連する部分の再描画を行います．

5.4.4　再描画

JavaScript で，

```
location.reload(true);
```

を使うと，画面全体を再描画することができます．これを利用して，今回のサンプルでは［RELOAD］ボタン（画面更新）を用意してみました．

図 5-6 はこの動きを図にしたものです．

1. PC-A で［RELOAD］ボタンを押す
2. サーバに［RELOAD］ボタン押下を通知
3. サーバが全クライアントに再読み込み（更新）リクエスト
4. 各クライアントが HTTP を使って（location.reload()を利用）画面を再描画

という具合に動作します．［RELOAD］ボタンが押されると，接続しているすべてのクライアントの画面が自動的に更新されるわけです．

全画面の更新はネットワークなどの負荷も重くなります．基本的な表示の更新などは WebSocket と JavaScript で十分ですが，ビット・イメージの差し替えや画面デザインを大きく変更したとき，あるいは JavaScript で記述したプログラムのアップデートをしたいときなどでは，この方法で強制的に全クライアントの画面を更新するという使い方もできるでしょう．

5.5　メッセージの種類

サーバ（Node-RED）とクライアント（JavaScript）間で WebSocket を使ってやりとりされるメッセージは表 5-1 のようにしてみました．すべてテキスト形式です．

いずれのメッセージも"："（コロン）を区切りにして「種別:値」という形式にしました．区切り文字（セパレータ）を決めておくと，JavaScript の split()を利用して，簡単に種別と値に分離ができるので便利です．

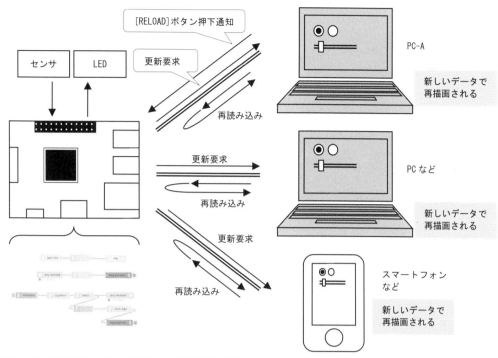

図 5-6 双方向通信システムの動作-4（変更発生の通知）

メッセージの種別はなるべく送受信で共通にしてみました．例えば，ラジオ・ボタンを OFF から ON にしたときは "D:1" というメッセージがサーバに送られます．

逆にサーバから "D:1" というメッセージが来ると，各クライアントはラジオ・ボタンの状態を ON 状態に変更します．

実際に動かしてみると，操作していないのに勝手にスライダの位置やラジオ・ボタンの状態が変わるのは少し不思議な感じがします．

なお，サーバからのセンサ値は，数値ではなく "T: 005:Press 1013.23hPa Temp 23.51degree" という具合に，そのまま表示されるテキスト形式にしてみました．クライアント側ではメッセージの後半部分を切り出して表示すればよいわけです．

表 5-1 サーバ - クライアント間の WebSocket メッセージ・フォーマット

向き	書式	内容	備考
クライアントからサーバ	D:n	ディジタル・データ（ラジオ・ボタン値）	D:0 は OFF，D:1 は ON
	A:n	アナログ・データ（スライダ値）	A:85 → スライダ値が 85
	T:0（ゼロ）	センサ値更新ボタン押下	
	R:0（ゼロ）	画面リフレッシュ・ボタン押下	
サーバからクライアント	D:n	新規ディジタル・データ（ラジオ・ボタン値）	D:1 → ラジオ・ボタンを ON 状態にする
	A:n	新規アナログ・データ（スライダ値）	A:85 → スライダ値を 85 にする
	T:[文字]	新規センサ値	例）T:005:Press 1013.23hPa Temp 23.51degree
	R:0（ゼロ）	画面リフレッシュ（リロード）要求	R:0 → location.reload(true); で画面全体を更新

5.6 Node-REDによるデザイン

図5-7が作成したNode-REDのデザインです．大きく分けて三つのフローに分かれています．

一番上のフローがHTTPのGETリクエストを受け付けてウェブ・ページを表示させる部分です．

二番目と三番目のフローがWebSocketによる送受信処理です．二番目のフローはクライアントからWebSocket経由でラジオ・ボタンやスライダ位置の変更，［RELOAD］ボタン押下などの通知を受け付ける処理です．受け取ったデータから，Node-RED側で保持しているラジオ・ボタンなどの状態を更新し，更新があったことを示すフラグのセットなどを行っています．

三番目のフローがWebSocketによるクライアントへの送信処理です．少しややこしくなっていますが，「inject」ノードのtimestampを使って1秒周期で動作するようにしておき，この中で変更の発生検出や，センサ値の再読み込み（ここではダミー・データ生成だが）と更新などを行っています．

これをもう少し詳しく書き直したのが図5-8です．Node-RED内部では，ラジオ・ボタンやスライダ，センサ値，変化発生フラグなど（仮に「内部データ」と呼ぶことにする）を保持しています．

次にポイントとなる部分について説明していきましょう．

5.6.1 HTTPを使ったウェブ・ページの表示処理（一番上のフロー）

一番の上のフローでは内部データを元にしてHTMLを生成しています．リスト5-1に「function」ノードのコードを示します．

ラジオ・ボタン値（context.global.digdat），スライダ値（context.global.anadat），センサ値（context.global.envdat）は全ノードに共通のグローバル変数として宣言しています（コラム参照）．

次に，変数mの中にクライアントに渡すHTMLテキストを詰めていきます．Cの場合にはstrcat()のような文字列を連結する関数を呼び出したりしますが，Node-RED（Node.js）の場合には，このリ

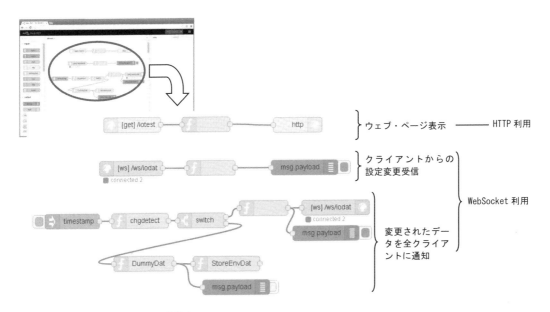

図5-7 双方向通信システムのデザイン

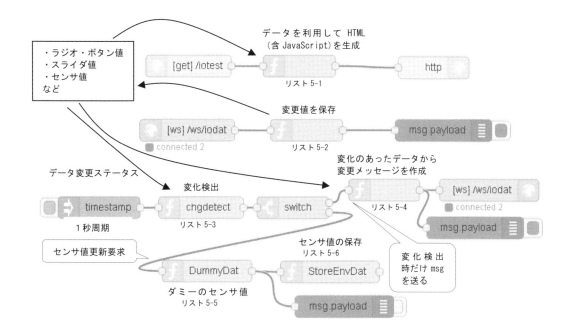

図5-8　各ノードの機能割り付け

ストのように，単に"+"演算子を使えば文字列同士が連結されます．

BODY部分の後ろにはJavaScriptを記述しています．この部分は，HTMLやJavaScriptを手書きしていますが，ウェブ・ページのデザイン・ツールなどを利用すればもっと簡単に作ることもできるでしょう．

最後に，生成されたHTMLファイルを「http response」ノードで返すように作ります．

スライダの配置

さて，リストの中の

```
<input id='slider' type='range' name='num' min='0' max='100' step='5'
value='" + parseInt(context.global.anadat, 10) + "'
onchange='changeValue(this.value)'>
```

となっている部分がスライダの配置です．

type='range'とするとスライダになり，minとmaxでスライダの最小値と最大値を，stepで刻み値を設定しています．

value値はスライダの初期値です．ここではcontext.global.anadatの値に従って設定しています．

onchangeでスライダ位置に変更があったときに呼ばれる関数changeValue()を登録します．

スライダ操作時の処理

スライダ値が変更されるとchangeValue()の引数で設定値が渡されます．数値は0~100までなので，頭に"0"を付加して3桁にそろえてから"A:"の後ろに付加して，サーバにWebSocketの関数ws.send()で送信しています．

第5章 WebSocketで双方向通信のひな型を作成

リスト5-1 ウェブ・ページ表示のfunctionノードのコード

```
context.global.digdat = context.global.digdat || 0;
context.global.anadat = context.global.anadat || 50;   ラジオ・ボタン，スライダ，センサ値
context.global.envdat = context.global.envdat || "";

var m;     ← 変数mにクライアントに渡す文字列（HTML）をセット
m = "¥n";
m = m + "<HTML>¥n";
m = m + "<BODY>¥n";
m = m + "    <table>¥n";
m = m + "        <tr>¥n";
m = m + "            <td id = 'hostname'>HOST:</td>¥n";
m = m + "        </tr>¥n";
m = m + "        <tr>¥n";
m = m + "            <td id='rcvmsg'>RECEIVE: <B>"+context.global.envdat+"</B></td>¥n";
m = m + "        </tr>¥n";
m = m + "        <tr>¥n";
m = m + "            <td>¥n";
m = m + "                <input type='button' value='READ' onClick='refTemp()'>¥n";
m = m + "            </td>¥n";
m = m + "        </tr>¥n";
m = m + "    </table>¥n";
m = m + "    <table>¥n";
m = m + "        <tr>¥n";
m = m + "            <td id='dig'>¥n";
m = m + "                <label>OFF</label>¥n";

if (context.global.digdat == 0) {
    m = m + "                <input id='radbtn0' type='radio' name='DIG' value='0' checked='checked'¥n";
    m = m + "                    onchange='changeDIG(this.value)'>¥n";
    m = m + "                <input id='radbtn1'type='radio' name='DIG' value='1'¥n";
    m = m + "                    onchange='changeDIG(this.value)'>¥n";
} else {
    m = m + "                <input id='radbtn0' type='radio' name='DIG' value='0'¥n";
    m = m + "                    onchange='changeDIG(this.value)'>¥n";
    m = m + "                <input id='radbtn1' type='radio' name='DIG' value='1'  checked='checked'¥n";
    m = m + "                    onchange='changeDIG(this.value)'>¥n";
}

m = m + "                <label>ON</label>¥n";
m = m + "            </td>¥n";
m = m + "        </tr>¥n";
m = m + "        <tr>¥n";                                        スライダに変化があると
m = m + "            <td> ¥n";                                   changeValue()が呼ばれる
m = m + "                <label>0</label>¥n";
m = m + "                <input id='slider' type='range' name='num' min='0' max='100' step='5'¥n";
m = m + "                 value='" + parseInt(context.global.anadat, 10) + "'¥n";
m = m + "                 onchange='changeValue(this.value)'>¥n";  ←
m = m + "                <label>100</label>¥n";
m = m + "            </td>¥n";
m = m + "            <td id='sndval'>VAL: <B>" + ('00'+context.global.anadat).substr(-3) + "</B></td>¥n";
m = m + "        </tr>¥n";                                        スライダの配置
m = m + "        <tr>¥n";
m = m + "            <td>¥n";
m = m + "                <input type='button' value='RELOAD' onClick='refScreen()'>¥n";
m = m + "            </td>¥n";
m = m + "        </tr>¥n";
m = m + "    </table>¥n";
m = m + "</BODY>¥n";
m = m + "¥n";
```

リスト5-1 ウェブ・ページ表示のfunctionノードのコード（つづき）

```
m = m + "<script type = 'text/javascript'>¥n";
m = m + "    var ws;¥n";
m = m + "    var sendval;¥n";
m = m + "    var slidval;¥n";
m = m + "    var ledval;¥n";
m = m + "    var rcvmsg;¥n";
m = m + "    var hadr;¥n";
m = m + "¥n";
m = m + "    function changeValue(value) {¥n";
m = m + "        var m;¥n";
m = m + "        var n;¥n";
m = m + "        m = ('00'+value).substr(-3);¥n";      ┐ メッセージ作成
m = m + "        n = m;¥n";                            │
m = m + "        m = 'A:' + m;¥n";                     ┘
m = m + "        ws.send(m);¥n";          ← WebSocketで送信
m = m + "        context.global.anadat = parseInt(n,10);¥n";
m = m + "    }¥n";
m = m + "¥n";
m = m + "    function changeDIG(value) {¥n";
m = m + "        var m;¥n";
m = m + "        m = 'D:'+value;¥n";
m = m + "        ws.send(m);¥n";
m = m + "    }¥n";
m = m + "¥n";
m = m + "    function refTemp() {¥n";
m = m + "        var m;¥n";
m = m + "        m = 'T:0';¥n";
m = m + "        ws.send(m);¥n";
m = m + "    }¥n";
m = m + "¥n";
m = m + "    function refScreen() {¥n";
m = m + "        var m;¥n";
m = m + "        m = 'R:0';¥n";
m = m + "        ws.send(m);¥n";
m = m + "    }¥n";
m = m + "¥n";
m = m + "    (function() {¥n";
m = m + "        hadr = location.host;¥n";
m = m + "        rcvmsg = document.getElementById('rcvmsg');¥n";
m = m + "        sendval = document.getElementById('sndval');¥n";
m = m + "        slidval = document.getElementById('slider');¥n";   ← スライダの記述子を取得
m = m + "        ledval0 = document.getElementById('radbtn0');¥n";
m = m + "        ledval1 = document.getElementById('radbtn1');¥n";
m = m + "        ws = new WebSocket('ws://'+hadr+'/ws/iodat');¥n";   ← WebSocketを生成（サーバと接続）
m = m + "        hostname.innerHTML = 'HOST: '+hadr;¥n";
m = m + "¥n";
m = m + "    function logStr(eventStr, msg) {¥n";
m = m + "        return '<td>' + eventStr + ':' + msg + '</td>';¥n";
m = m + "    }¥n";
m = m + "¥n";
m = m + "    ws.onmessage = function(e) {¥n";
m = m + "        var m = ((e.data).toString()).split(':');¥n";
m = m + "        switch(m[0]) {¥n";
m = m + "            case 'A':¥n";         ← スライダの位置を動かす
m = m + "                slidval.value = m[1];¥n";
m = m + "                sendval.innerHTML = 'VAL: <B>' + ('00' + m[1]).substr(-3) + '</B>';¥n";
m = m + "                break;¥n";
m = m + "            case 'D':¥n";
m = m + "                if (m[1] == 0) {¥n";
m = m + "                    ledval0.checked = 'checked';¥n";
m = m + "                } else {¥n";
m = m + "                    ledval1.checked = 'checked';¥n";
m = m + "                }¥n";
m = m + "                break;¥n";
m = m + "            case 'T':¥n";
m = m + "                rcvmsg.innerHTML = 'RECEIVE: <B>'+m[1]+':'+m[2]+'</B>';¥n";
```

スライダ操作時の処理

JavaScript

WebSocket受信処理

サーバからのスライダ値変更通知

スライダ値表示の更新

第5章 WebSocketで双方向通信のひな型を作成

リスト5-1 ウェブ・ページ表示のfunctionノードのコード（つづき）

```
m = m + "                    break;\n";
m = m + "                case    'R':\n";
m = m + "                    location.reload(true);\n";
m = m + "                    break;\n";
m = m + "                default:\n";
m = m + "                    break;\n";
m = m + "            }\n";
m = m + "        };\n";
m = m + "\n";
m = m + "        ws.onclose = function (e) {\n";
m = m + "            output.innerHTML = logStr('disconnect', e.code + ' - ' + e.type);\n";
m = m + "        };\n";
m = m + "\n";
m = m + "    }() );\n";
m = m + "</script>\n";
m = m + "\n";
msg.payload = m;      ← 変数mを戻り値として返す
return msg;
```

WebSocket受信処理 / JavaScript

スライダ設定値の受信動作

起動時に，

```
ws = new WebSocket('ws://'+hadr+'/ws/iodat');
```

のコードでWebSocketを使って接続します．このwsはスライダ操作時の出力用にも使用されます．

WebSocket経由の受信関数はonmessageに登録します

```
ws.onmessage = function(e) {
  （受信処理）
};
```

という具合に設定しておくと，WebSocket経由でメッセージが到達したときに受信処理が呼び出されます．

受信処理では受信データ（e.data）に文字列が入って来るので，これをsplit()で分解して種別と値に分離します．

種別が"A"のときはスライダ値の変更要求なので，スライダのvalue値を書き換えます．これでスライダの位置が移動します．

同様にスライダの右側にある現在値VALは，innerHTMLの書き換えで行えます．

5.6.2　WebSocket受信を使った変更値の保存処理（上から二番目のフロー）

上から二番目のフローの「function」ノードのコードを**リスト5-2**に示します．

ここでは，WebSocket経由でクライアントから送られて来たメッセージを受け取り，内部で保持しているラジオ・ボタンやスライダ値の更新を行ったり，変更の発生や再描画リクエストなどを示すフラグ（context.global.chg）をセットします．

フラグは，

5.6 Node-REDによるデザイン

リスト5-2 クライアントからの設定変更受信のfunctionノードのコード

```
context.global.digdat = context.global.digdat || 0;
context.global.anadat = context.global.anadat || 50;
context.global.chg = context.global.chg || 0;

m = (msg.payload).toString();          ─── 受信データの取得と分離
n = m.split(':');

if (n[0] == 'D') {
    context.global.digdat = parseInt(n[1],10);   ─── ラジオ・ボタン値の受信処理
    context.global.chg |= 1;
}

if (n[0] == 'A') {
    context.global.anadat = parseInt(n[1],10);   ─── スライダ値の受信処理
    context.global.chg |= 2;
}

if (n[0] == 'R') {
    context.global.chg |= 4;            ─── 画面リフレッシュの要求処理
}

if (n[0] == 'T') {
    context.global.chg |= 8;            ─── センサ値の更新要求処理
}

msg.payload = "[" + n[0] + "][" + n[1] + "]";
return msg;
```

- ビット0：ディジタル・データ（ラジオ・ボタン）変更
- ビット1：アナログ・データ（スライダ）変更
- ビット2：画面更新要求
- ビット3：センサ値更新要求

と割り付けています．このフラグは，上から三番目のWebSocket送信処理部分の中で1秒周期でチェックしています．

5.6.3　WebSocket送信を使った変更通知/更新要求処理（上から三番目のフロー）

WebSocketの送信側は1秒ごとに動作するようにしています．順に見ていきましょう．

chgdetect（変化検出）

WebSocketからの変更/更新要求があったときの処理は**リスト5-3**のようになっています．

リスト5-3　変化検出（chgdetect）のfunctionノードのコード

```
context.count = context.count+1 || 60;    ─── スタート時に初期化．初期値は60

if ((context.global.chg != 0)) {
    msg.payload = context.global.chg;     ─── クライアントからの変更/更新要求があれば反映させる
} else {
    if (context.count>=60) {
        context.count=0;
        context.global.chg |= 8;          ─── 60秒ごとにセンサ値の変更リクエストを発生
        msg.payload = 8;
    } else {
        msg.payload = 0;
    }
}
```

フラグの変化があったときや，センサ値更新タイミング（今回は60秒ごと）になったときなど，WebSocketによる送信が必要なときは，種別（ディジタル・データ，アナログ・データ，画面更新，センサ更新）コードを出力し，送信の必要がないときは0を出力します．

switchノード

「switch」ノードは，入力値をチェックし，条件が成立した場合に出力端子にメッセージを出力するというものです．「switch」ノードの設定は図5-9のようになっています．

ここでは二つのノード出力（1と2）を作りました．ノードの上側が出力1，下側が出力2です．

出力1は変化フラグが0以外，すなわち何らかの変更/更新が発生してWebSocket経由で送信する必要があるときに出力され，以下のノードが動作します．0のときはメッセージが出力されないので，WebSocketによる送信も行われません．

出力2はセンサ値の更新要求出力です．センサ値の更新ボタンが押されたときや60秒以上経過したときにメッセージが出力されます．

更新メッセージの作成

「switch」ノードの右側の「function」ノードが，更新データからWebSocket経由で送信するデータを作成しています．

リスト5-4がこの中身です．「switch」ノードで到達したステータスのビット状態から，出力メッセージを作成して，「function」ノードの出力値を作成し，作成済みのビットを"0"にしています．

複数のビットがセットされているときは下位ビット側が先に処理され，上位ビットは次のサイクル（1秒後）に処理されます．

図5-9　switchノードの設定

5.6 Node-REDによるデザイン

リスト5-4 更新メッセージ作成のfunctionノードのコード

```
context.count = context.count+1 || 0;
var req = parseInt(msg.payload);
var m;
if (req & 1) {
    m = "D:"+context.global.digdat;         ── ディジタル・データ（ラジオ・ボタン）変更通知
    req &= ~1;
} else if (req & 2){
    m = "A:"+context.global.anadat;         ── アナログ・データ（スライダ）更新通知
    req &= ~2;
}else if(req & 4) {
    m = "R:";                                ── 画面更新（リフレッシュ）要求
    req &= ~4;
} else if (req & 8) {
    m = "T:"+context.global.envdat || "T:";  ── センサ・データ更新通知
    req &= ~8;
} else {
    m = "";
    req = 0;
}
context.global.chg = req;
msg.payload = m;
return msg;
```

センサ・データの生成

「switch」ノードの下側のところが，センサ・データの生成を行っているところです．このサンプルでは実際の入出力はないので，ダミー・データを作成しています．

リスト5-5のように，乱数を使って適当な値（103±25hPa，20±15℃の範囲）を作り，先頭に0~100のカウント値を付加しています．

センサ・データの保存

センサ・データを保存します．リスト5-6のように，msg.payloadに到達したデータをcontext.global.envdatにセットします．

ここでセットしたデータは，更新要求時などに送信されます．

リスト5-5 センサ・データ（ダミー・データ）生成（DummyDat）のfunctionノードのコード

```
context.count = context.count+1 || 0;
if (context.count >= 100) {                                              ── 0~100のカウント値を生成
    context.count -= 100;
}
var p = ((((Math.random()-0.5)*50.0)+1013.0).toString()).substr(0,7);    ── 気圧/温度ダミー・データ作成
var t = ((((Math.random()-0.5)*30.0)+20.0).toString()).substr(0,5);
msg.payload = ("00"+(context.count).toString()).substr(-3)+":Press "+p+"hPa Temp "+t+"degree";  ── メッセージ作成
return msg;
```

リスト5-6 センサ・データ保存（StoreEnvDat）のfunctionノードのコード

```
context.global.envdat = msg.payload || "";
return msg;
```

5.7 実行してみよう

機種依存な部分はないので，Node-RED は Raspberry Pi 版でも Windows 版でも同じように動作します．

ioframe.json を読み込んで起動，あるいは Import した後 Deploy して，アクセスしてみましょう．

```
http://192.168.11.16:1880/iotest
```

という具合にすると，図 5-1 に示したような画面が表示されます．

ブラウザを複数開いたり，タブレットやスマートフォンなど，ブラウザを持った機器でアクセスすると，すべて同じ画面になります．

センサ値は，60 秒ごとに自動的に更新されます．［READ］ボタンを押すと，センサ値が更新されます．

また，スライダやラジオ・ボタンなどを操作すると，全クライアントのスライダ/ボタンが変化して状態が変わったことが分かり，［RELOAD］ボタンを押すと，全クライアントの画面がいっせいに更新されます．

どのクライアントからでも同じように操作ができることも確認してみてください．

5.8 本章のまとめ

WebSocket によるブラウザと Node-RED の双方向通信を行ってみました．

クライアントで実行される JavaScript の記述が入り組んでいますが，じっくり見ていけばそれほど難しいことはやっていないということがお分かりいただけるかと思います．

本文中でも触れましたが，クライアントに返しているのは通常のウェブ・サイトと同様の HTML ファイルです．

ウェブ・ページのデザイン・ツールが数多く出ていますが，それらを使って作成した HTML ももちろん利用できるので，いわゆるウェブ・ページ作成ソフトウェアの類で HTML ファイルを生成させて，「template」ノードなどに埋め込むのも良い方法でしょう．

✓ function の記述方法

Node-RED の function は C の関数と異なり，複数の出力を持たせたり連続していくつものデータを出力させることも可能です．また，イベントのロギングやエラー処理など，今回使用しなかった機能がいろいろあります．

詳細については参考文献 1 に説明があるので，参照してください．

5.9 補足：Node-RED 0.13.1 以降のグローバル変数アクセス

本書の発行時点で，Node-RED が 0.13.1 にアップデートされました．このバージョンから，Typed Input widget と呼ばれる入力支援機能が追加され，「inject」ノードや「template」ノード，「switch」ノードなどの設定画面で，図 5-10 のように属性をプルダウン・メニューから選択できるようになっています．

図は「template」ノードの例ですが，図のように「Property」で「msg」属性を指定したので，「template」の中では msg.payload ではなく，単に payload とすればよいわけです．

また，Node-RED 0.13.1 では，グローバル変数（オブジェクト）のアクセス方法として新たに

- set(key,value)
- get(key)

の二つが追加されました．従来の記述方法では，

```
context.foo=1;
a=context.foo;
```

となっていたものが

```
context.set('foo',1);
a=context.get('foo');
```

という記述方法にになります．両方の記述方法ともサポートされていますが，今後は後者のようにすることが推奨されています．

なお，本書では旧バージョンとの互換性のため，前者の記述方法のままにしています．

図 5-10 属性をプルダウン・メニューで選択できるようになった Node-RED 0.13.1

✓ グローバル変数は context/context.global

　「function」ノードを作成していると，関数終了後も値を保持し続けて欲しい場合があります．今回の例で言えば，スライダの位置やラジオ・ボタンの値などがこれに相当します．

　関数が呼び出された回数をカウントして，一定回数呼び出されたら動作するような場合も同様です．

　一般的に「function」ノード内で使用する変数は，

```
var m;
```

などという具合に宣言しますが，この変数は C で言えば関数内で宣言したローカル変数に相当し，呼び出される（「function」ノードが動作する）たびに初期化されてしまいます．

　初期化されたくない場合には，変数を context，または context.global のメンバとして登録します．

　例えば，

```
context.count;
context.global.digdat;
```

という具合です．

　context と context.global の違いは，

- context は，そのノード内のみで有効
- context.global は，全ノードで有効

という点です．

　C 言語で言えば，それぞれの function が別々のファイルとしたとき，context は static 宣言した変数，context.global 変数は通常の（複数のファイルから参照できる）グローバル変数のようなものと思えばよいでしょう．

　初期化は少し注意が必要です．C の場合には，

```
int xyz=0;
const int abc=3;
```

という具合にすれば動作開始時に初期化されるだけですが，function ノードで，

```
context.count=0;
```

などと記述すると，function が呼び出されるたびに 0 に初期化されてしまいます．

　これに対処するため，「値が確定しているなら同じ値，不定なら初期値を代入する」という方法を使います．

```
context.global.digdat = context.global.digdat || 0;
```

となっているのはこの意味です．

context.global.digdat が，不定ではない（初期値が入っている）なら同じ値を代入し，ないならば 0 を初期値として代入するわけです．

つまり，context.global.digdat には，

- 最初は値が不定なので，0 が代入される
- 2 度目以降は確定しているので，context.global.digdat 値が保持される

ということになります．

右辺には式も使用できるので，例えば，

```
context.count = context.count+1 || 0;
```

といった具合にすれば，+1 が可能ならば（context.count が有効なら）+1 された値が，できない場合（context.count が不定）ならば 0 が代入されます．

これにより，呼び出されるたびに 0,1,2,3... と context.count 値が増加していきます．

第6章 Canvas でアナログ・メータを描画

　前章までで，ブラウザとの間でデータの送受信ができるようになりましたが，表示は文字ばかりでした．少し寂しいので，本章では自動車のスピードメータのようなものを追加してみます．

　メータ表示を追加したブラウザ画面を図 6-1 に示します．図のように，一番上にメータを配置しています．メータの下の部分は前章までと同じです．ファイル名は ioMeter.json としました．

　指針（メータの針）を動かすためのデータは，サーバからブラウザにセンサ・データを渡すときに"T:"の後ろに入れている数値 0〜100 を使って，この値に従って指針の位置が動くようにしました．

6.1 メータ画面の作成方法

6.1.1 Canvas 要素で描画

　メータの背景（文字盤）部分は画像データでよいのですが，指針は上から描画するしかありません．方法はいろいろありますが，ここでは JavaScript の Canvas 機能を利用しました．Canvas は HTML5

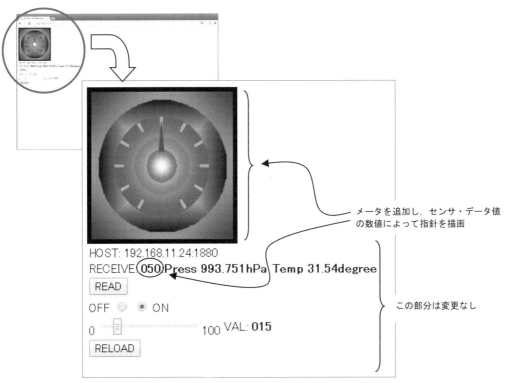

図 6-1　メータ表示の追加

で正式に採用が決まった JavaScript による描画機能です．

従来，動きのある画像の表示には Flash や Java Applet（JavaScript とは別物）などが使われてきましたが，ブラウザの標準機能ではないため，Flash プレーヤや Java プラグインなどのインストールが必要でした．特に今回のサンプルのようにデータに応じて指針の位置を変える程度のものを描画するのに，Flash や Java Applet を持ち出すのも大げさです．

Canvas は，対応しているブラウザさえあれば，特別なプラグインを使うことなく JavaScript で線や円，多角形（塗りつぶしも可）などを自由に描画できるようにするものです．

6.1.2　描画の考え方

描画のおおまかな考え方を図 6-2 に示します．メータ全体を 1 枚の絵として描画すると，指針が移動したときに今まで指針があった位置を描画し直して，指針がなかった状態に戻さなければなりません．

今回のように，文字盤を画像データ・ファイルにしている場合は，文字盤の特定の位置のデータだけ再描画するのは面倒ですし，文字盤全体を再描画するとどうしてもちらつきが目立ってしまいます．

このような場合に便利なのが Canvas のレイヤ機能です．レイヤはちょうど透明なフィルムのようなもので，複数のレイヤに描いたものが画面上では重なって見えるというものです．今回も，Canvas のレイヤ機能を使って文字盤と指針をそれぞれ別々のレイヤとして描画することにします．

文字盤部分と指針は別のレイヤなので，指針を消しても文字盤部分には影響がありません．単に「指針が消えた状態」の文字盤になるだけです．指針を移動させるときも，指針のレイヤだけを消去して再描画すればよいわけです．

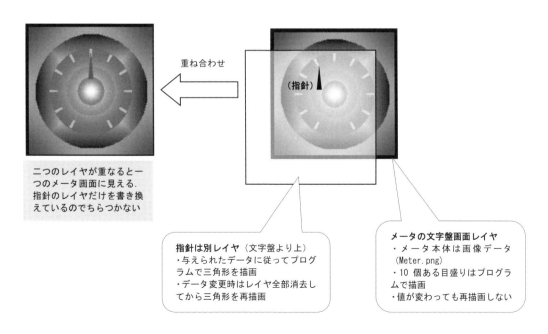

図 6-2　メータ描画の考え方

6.2 ウェブ・ページの表示処理に追加したメータ描画処理

リスト 6-1 の網掛け部分は，リスト 5-1 の「function」ノードに追加したメータの描画処理です．

6.2.1 レイヤの作成

Canvas によるレイヤの作成部分は次のようになっています．

```
<canvas id='c1' width='200' height='200' style='position:absolute; z-index:0'></canvas>
<canvas id='c2' width='200' height='200' style='position:absolute; z-index:1'></canvas>
```

通常，canvas を複数並べると，位置がバラバラになりますが，style を position:absolute として並べると，両者が重なります．上下関係は z-index で指定し，数値が大きい方が上になります．これで，c1 の上に c2 が重なった状態になります．

6.2.2 指針の描画

指針の描画部分は次のようにしています．

```
function draw_arrow(dat) {
 ‥‥‥
    ctx2.clearRect(0,0,size_xy,size_xy);  // レイヤの消去
    ctx2.fillStyle='rgb(255,0,0)';         // 塗りつぶし色が赤
    ctx2.strokeStyle='rgb(255,0,0)';       // 描画色も赤
    ctx2.beginPath();                       // 描画開始
    ctx2.moveTo(x1+0, y1+0);               // 始点に移動
    ctx2.lineTo(x2+0, y2+0);               // 指針の三角形の2点目に移動
    ctx2.lineTo(x3+0, y3+0);               // 指針の三角形の3点目に移動
    ctx2.closePath();                       // 三角形を閉じる
    ctx2.stroke();                          // 実際に描画実行
    ctx2.fill();                            // 塗りつぶし実行
};
```

ctx2 というのが c2 の canvas，すなわち指針用のレイヤのコンテキストです．これは別の場所で次のように初期化されています．

```
ctx2 = c2.getContext('2d');
```

size_xy がメータの大きさ，指針の三角形の頂点の座標がそれぞれ(x1,y1)，(x2,y2)，(x3,y3)となっています．最初に指針のレイヤをすべて消去し，その後，赤色で三角形を描きます．

canvas が面白いのは，beginPath()から closePath()までは単に「このように描け」という指示リストを与えるだけで実際の描画は行われず，最後に stroke()や fill()を指示することで与えられたリストに従って一気に描画するという点です．

うっかり stroke()や fill()を忘れると，何も描画されないことになるので注意してください．

1 行ごとに解釈しながら描画するわけではないので，例えば lineTo()の引数に複雑で時間のかかる演算処理があったとしても，描画実行時の速度は変わらないので画面のちらつきなどを抑えられるというのは大きな利点です．

6.2 ウェブ・ページの表示処理に追加したメータ描画処理

リスト6-1 メータを追加した function ノードのコード（網掛け：リスト5-1に追加した部分）

```
context.global.digdat = context.global.digdat || 0;
context.global.anadat = context.global.anadat || 50;
context.global.envdat = context.global.envdat || "";

var m, n;
n = ((context.global.envdat).toString()).split(':');
m = "\n";
m = m + "<HTML>\n";
m = m + "<BODY>\n";
m = m + "    <canvas id='c1' width='200' height='200' style='position:absolute; z-index:0'></canvas>\n";
m = m + "    <canvas id='c2' width='200' height='200' style='position:absolute; z-index:1'></canvas>\n";
m = m + "    <canvas id='c3' width='200' height='200'></canvas><BR>\n";
m = m + "    <table>\n";
m = m + "        <tr>\n";
m = m + "            <td id = 'hostname'>HOST:</td>\n";
m = m + "        </tr>\n";
m = m + "        <tr>\n";
m = m + "            <td id='rcvmsg'>RECEIVE: <B>"+context.global.envdat+"</B></td>\n";
m = m + "        </tr>\n";
m = m + "        <tr>\n";
m = m + "            <td>\n";
m = m + "                <input type='button' value='READ' onClick='refTemp()'>\n";
m = m + "            </td>\n";
m = m + "        </tr>\n";
m = m + "    </table>\n";
m = m + "    <table>\n";
m = m + "        <tr>\n";
m = m + "            <td id='dig'>\n";
m = m + "                <label>OFF</label>\n";

if (context.global.digdat == 0) {
    m = m + "                <input id='radbtn0' type='radio' name='DIG' value='0' checked='checked'\n";
    m = m + "                    onchange='changeDIG(this.value)'>\n";
    m = m + "                <input id='radbtn1' type='radio' name='DIG' value='1'\n";
    m = m + "                    onchange='changeDIG(this.value)'>\n";
} else {
    m = m + "                <input id='radbtn0' type='radio' name='DIG' value='0'\n";
    m = m + "                    onchange='changeDIG(this.value)'>\n";
    m = m + "                <input id='radbtn1' type='radio' name='DIG' value='1' checked='checked'\n";
    m = m + "                    onchange='changeDIG(this.value)'>\n";
}

m = m + "                <label>ON</label>\n";
m = m + "            </td>\n";
m = m + "        </tr>\n";
m = m + "        <tr>\n";
m = m + "            <td> \n";
m = m + "                <label>0</label>\n";
m = m + "                <input id='slider' type='range' name='num' min='0' max='100' step='5'\n";
m = m + "                 value='" + parseInt(context.global.anadat, 10) + "'\n";
m = m + "                 onchange='changeValue(this.value)'>\n";
m = m + "                <label>100</label>\n";
m = m + "            </td>\n";
m = m + "            <td id='sndval'>VAL: <B>" + ('00'+context.global.anadat).substr(-3) + "</B></td>\n";
m = m + "        </tr>\n";
m = m + "        <tr>\n";
m = m + "            <td>\n";
m = m + "                <input type='button' value='RELOAD' onClick='refScreen()'>\n";
m = m + "            </td>\n";
m = m + "        </tr>\n";
m = m + "    </table>\n";
m = m + "</BODY>\n";
m = m + "\n";
m = m + "<script type = 'text/javascript'>\n";
m = m + "    var ws;\n";
m = m + "    var sendval;\n";
m = m + "    var slidval;\n";
m = m + "    var ledval;\n";
m = m + "    var rcvmsg;\n";
m = m + "    var hadr;\n";
m = m + "    var size_xy;\n";
m = m + "    var center_xy;\n";
m = m + "    var ang_offset, diff, stp;\n";
m = m + "    var c1, c2, ctx1, ctx2;\n";
m = m + "\n";
m = m + "    onload = function() {\n";
m = m + "        draw();\n";
```

第6章 Canvasでアナログ・メータを描画

リスト6-1　メータを追加したfunctionノードのコード（網掛け：リスト5-1に追加した部分）（つづき）

```
m = m + "        };¥n";
m = m + "        function changeValue(value) {¥n";
m = m + "            var m;¥n";
m = m + "            var n;¥n";
m = m + "            m = ('00'+value).substr(-3);¥n";
m = m + "            n = m;¥n";
m = m + "            m = 'A:' + m;¥n";
m = m + "            ws.send(m);¥n";
m = m + "            context.global.anadat = parseInt(n,10);¥n";
m = m + "        };¥n";
m = m + "¥n";
m = m + "        function changeDIG(value) {¥n";
m = m + "            var m;¥n";
m = m + "            m = 'D:'+value;¥n";
m = m + "            ws.send(m);¥n";
m = m + "        };¥n";
m = m + "¥n";
m = m + "        function refTemp() {¥n";
m = m + "            var m;¥n";
m = m + "            m = 'T:0';¥n";
m = m + "            ws.send(m);¥n";
m = m + "        };¥n";
m = m + "¥n";
m = m + "        function refScreen() {¥n";
m = m + "            var m;¥n";
m = m + "            m = 'R:0';¥n";
m = m + "            ws.send(m);¥n";
m = m + "        };¥n";
m = m + "¥n";
m = m +"        function draw_arrow(dat) {¥n";
m = m +"            var dir;¥n";
m = m +"            var ssize,lsize;¥n";
m = m +"            var x1,x2,x3;¥n";
m = m +"            var y1,y2,y3;¥n";
m = m +"            dir = 3*dat*stp+ang_offset;¥n";
m = m +"            ssize = size_xy*0.09375;   // 15/160¥n";
m = m +"            lsize = size_xy*0.28125;   // 45/160¥n";
m = m +"            x1 = ssize*(Math.cos(dir-diff))+center_xy+0.5;¥n";
m = m +"            y1 = ssize*(Math.sin(dir-diff))+center_xy+0.5;¥n";
m = m +"            x2 = ssize*(Math.cos(dir+diff))+center_xy+0.5;¥n";
m = m +"            y2 = ssize*(Math.sin(dir+diff))+center_xy+0.5;¥n";
m = m +"            x3 = lsize*(Math.cos(dir))+center_xy+0.5;¥n";
m = m +"            y3 = lsize*(Math.sin(dir))+center_xy+0.5;¥n";
m = m +"            ctx2.clearRect(0,0,size_xy,size_xy);¥n";
m = m +"            ctx2.fillStyle='rgb(255,0,0)';¥n";
m = m +"            ctx2.strokeStyle='rgb(255,0,0)';¥n";
m = m +"            ctx2.beginPath();¥n";
m = m +"            ctx2.moveTo(x1+0, y1+0);¥n";
m = m +"            ctx2.lineTo(x2+0, y2+0);¥n";
m = m +"            ctx2.lineTo(x3+0, y3+0);¥n";
m = m +"            ctx2.closePath();¥n";
m = m +"            ctx2.stroke();¥n";
m = m +"            ctx2.fill();¥n";
m = m +"        };¥n";
m = m + "        function draw() {¥n";
m = m + "            size_xy = 200;¥n";
m = m + "            size_xy = size_xy+0;¥n";
m = m +"            center_xy = size_xy/2;¥n";
m = m +"            var dir;¥n";
m = m +"            c1 = document.getElementById('c1');¥n";
m = m +"            if ( ! c1 || ! c1.getContext ) { return false; }¥n";
m = m +"            ctx1 = c1.getContext('2d');¥n";
m = m +"            c2 = document.getElementById('c2');¥n";
m = m +"            if ( ! c2 || ! c2.getContext ) { return false; }¥n";
m = m +"            ctx2 = c2.getContext('2d');¥n";
m = m +"    /* Imageオブジェクトを生成 */¥n";
m = m +"            var img = new Image();¥n";
m = m +"            img.src = 'http://' + location.host +'/Meter.png';¥n";
m = m +"            img.onload = function() {¥n";
m = m +"                var x1,x2,x3,x4;¥n";
m = m +"                var y1,y2,y3,y4;¥n";
m = m +"                var ssize, lsize;¥n";
m = m +"                ctx1.drawImage(img, 0,0,170,170,0,0,size_xy,size_xy);¥n";
m = m +"                ctx2.clearRect(0,0,size_xy,size_xy);¥n";
m = m +"                stp = (Math.PI/180);¥n";
m = m +"                ang_offset = stp*120;¥n";
m = m +"                diff= stp*10;¥n";
```

6.2 ウェブ・ページの表示処理に追加したメータ描画処理

リスト 6-1 メータを追加した function ノードのコード (網掛け：リスト 5-1 に追加した部分) (つづき)

```
m = m +"            dir = 3*stp*0+ang_offset;\n";
m = m +"            ctx1.fillStyle='rgb(100,200,255)';\n";
m = m +"            ctx1.strokeStyle='rgb(100,200,255)';\n";
m = m +"            ssize = size_xy * 0.25;      // 40/160\n";
m = m +"            lsize = size_xy * 0.3125;    // 50/160\n";
m = m +"            for (var i=0; i<11; i++) {\n";
m = m +"                ctx1.beginPath()\n";
m = m +"                x1 = ssize*(Math.cos(ang_offset+i*30*stp-diff/5))+center_xy+0.5;\n";
m = m +"                y1 = ssize*(Math.sin(ang_offset+i*30*stp-diff/5))+center_xy+0.5;\n";
m = m +"                x2 = ssize*(Math.cos(ang_offset+i*30*stp+diff/5))+center_xy+0.5;\n";
m = m +"                y2 = ssize*(Math.sin(ang_offset+i*30*stp+diff/5))+center_xy+0.5;\n";
m = m +"                x3 = lsize*(Math.cos(ang_offset+i*30*stp+diff/5))+center_xy+0.5;\n";
m = m +"                y3 = lsize*(Math.sin(ang_offset+i*30*stp+diff/5))+center_xy+0.5;\n";
m = m +"                x4 = lsize*(Math.cos(ang_offset+i*30*stp-diff/5))+center_xy+0.5;\n";
m = m +"                y4 = lsize*(Math.sin(ang_offset+i*30*stp-diff/5))+center_xy+0.5;\n";
m = m +"                ctx1.moveTo(x1,y1);\n";
m = m +"                ctx1.lineTo(x2,y2);\n";
m = m +"                ctx1.lineTo(x3,y3);\n";
m = m +"                ctx1.lineTo(x4,y4);\n";
m = m +"                ctx1.closePath();\n";
m = m +"                ctx1.fill();\n";
m = m +"            }\n";
m = m +"            draw_arrow(\"+parseInt(n[0])+\");\n";
m = m +"        }\n";
m = m +"    }\n";
m = m + "    (function() {\n";
m = m + "        hadr = location.host;\n";
m = m + "        rcvmsg = document.getElementById('rcvmsg');\n";
m = m + "        sendval = document.getElementById('sndval');\n";
m = m + "        slidval = document.getElementById('slider');\n";
m = m + "        ledval0 = document.getElementById('radbtn0');\n";
m = m + "        ledval1 = document.getElementById('radbtn1');\n";
m = m + "        ws = new WebSocket('ws://'+hadr+'/ws/iodat');\n";
m = m + "        hostname.innerHTML = 'HOST: '+hadr;\n";
m = m + "\n";
m = m + "        function logStr(eventStr, msg) {\n";
m = m + "            return '<td>' + eventStr + ':' + msg + '</td>';\n";
m = m + "        }\n";
m = m + "\n";
m = m + "        ws.onmessage = function(e) {\n";
m = m + "            var m = ((e.data).toString()).split(':');\n";
m = m + "            switch(m[0]) {\n";
m = m + "                case 'A':\n";
m = m + "                    slidval.value = m[1];\n";
m = m + "                    sendval.innerHTML = 'VAL: <B>' + ('00' + m[1]).substr(-3) + '</B>';\n";
m = m + "                    break;\n";
m = m + "                case 'D':\n";
m = m + "                    if (m[1] == 0) {\n";
m = m + "                        ledval0.checked = 'checked';\n";
m = m + "                    } else {\n";
m = m + "                        ledval1.checked = 'checked';\n";
m = m + "                    }\n";
m = m + "                    break;\n";
m = m + "                case 'T':\n";
m = m + "                    draw_arrow(m[1])\n";
m = m + "                    rcvmsg.innerHTML = 'RECEIVE: <B>'+m[1]+':'+m[2]+'</B>';\n";
m = m + "                    break;\n";
m = m + "                case 'R':\n";
m = m + "                    location.reload(true);\n";
m = m + "                    break;\n";
m = m + "                default:\n";
m = m + "                    break;\n";
m = m + "            }\n";
m = m + "        };\n";
m = m + "\n";
m = m + "        ws.onclose = function (e) {\n";
m = m + "            output.innerHTML = logStr('disconnect', e.code + ' - ' + e.type);\n";
m = m + "        };\n";
m = m + "\n";
m = m + "    }());\n";
m = m + "</script>\n";
m = m + "\n";

msg.payload = m;
return msg;
```

第6章 Canvasでアナログ・メータを描画

6.2.3 文字盤の描画

　文字盤は画像ファイルとしてサーバから得ています．ファイル名は，/Meter.png としました．例えば，サーバの IP アドレスが 192.168.11.16 のときに直接，

　　http://192.168.11.16:1880/Meter.png

とすると，画像ファイルが読み込まれます（ダウンロードされる）．

　JavaScript の内部では次のように，サーバの/Meter.png にアクセスしています．

```
/* Image オブジェクトを生成 */
var img = new Image();
img.src = 'http://'+ location.host +'/Meter.png';      // 画像ファイル読み込み
img.onload = function() {     // 読み込まれた後に目盛りを描画する
・・・（目盛り描画処理）
draw_arrow("+parseInt(n[0])+");     // 指針描画
```

6.3 Node-RED 側の変更

　クライアント側の JavaScript は描画のための工夫がいろいろと必要でしたが，サーバ側すなわち Node-RED 側は非常に簡単です．

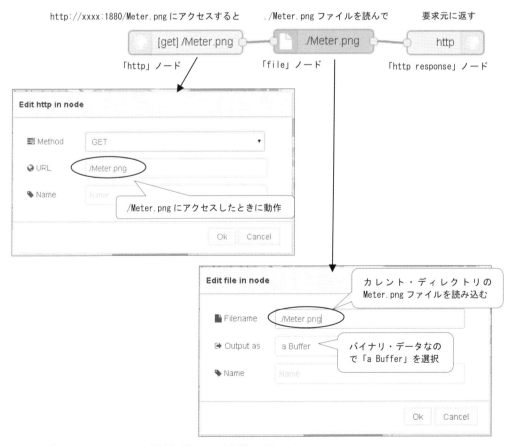

図 6-3　画像ファイル・アクセス要求処理（xxxx は IP アドレス）

図 6-3 のように，「http」ノードと「http response」ノードの間に「file」ノード（「storage」カテゴリに分類されている）をはさむだけです．「file」ノードは 2 種類ありますが，両端にターミナルがある，file in タイプのノードを使います．

「http」ノードのプロパティで「URL」欄に「/Meter.png」と書いておけば，/Meter.png へのリクエストを受け付けると「file」ノードが動作します．

「file」ノードには実際に読み込むファイル名を設定しておきます．ここではカレント・ディレクトリの Meter.png を返すことにしたので「./Meter.png」と設定しました．

最後に「file」ノードの出力を「http response」ノードに接続します．

URL で与えられた名称と，実際のファイル名は一致していなくてもかまいません．例えば，「file」ノードの「Filename」欄を「./Test001.png」などとすれば，クライアントから/Meter.png にアクセスされると，Test001.png ファイルの中身が返されることになります．また，ファイル名を指定しないときは入力メッセージの msg.filename にセットされた文字列がファイル名として扱われます．これを利用すると，例えば timestamp 値などを使って画像ファイルを選択し，クライアントがアクセスするたびに違う画像を表示するといったことも可能です．

「file」ノードの出力種別は「a utf8 string」と「a Buffer」の 2 種類を選べます．「a utf8 string」は文字列用，それ以外は「a Buffer」です．ここでは画像データなので「a Buffer」にします．

6.4 実行してみよう

出来上がったらアクセスしてみましょう．図 6-4 のような画面が出て，指針が少しずつ回転してい

図 6-4　メータ表示動作サンプル

きます．その他の部分は今までと同じように動作するはずです．

6.5 本章のまとめ

　メータ画面の追加を例に，ファイル・アクセスや JavaScript の Canvas を利用した動きのある描画を行ってみました．

　今回の追加分は比較的単純な例でしたが，ファイル・アクセスを利用したデータのロギングや，ファイルのアップローダの作成，レベル・メータ表示など，さまざまな用途に応用可能です．

　文字列だけではない，グラフィカルなアプリケーションやファイル入出力を伴うアプリケーションを作成する上で，この両者は便利な道具となるでしょう．

第7章 MQTT/メール/Twitter で外からアクセス

ここまでの説明のように，Node-RED を使うと簡単にサーバを作ることができます．センサなどの情報もウェブ・ブラウザさえあればグラフィカルに表示でき，複数の PC やスマートフォンなどからアクセスして，データを表示したり操作することも簡単に実現できます．

これをさらに拡張して，家や職場などに置いた Raspberry Pi を外出先や離れた場所からコントロールしたり，センサの状態などをチェックできるようになれば，応用範囲はさらに広がります．

現状のままでも Raspberry Pi にグローバル IP アドレスを持たせれば，世界中どこからでもアクセスできるようにはなります．IPv6 はまさにそのためにあるようなものではありますが，セキュリティ面などを考えると，Raspberry Pi を世界中に剥き出しにするのはやはり気持ちの良いものではないでしょう．

もう少し現実的なデータ・アクセス手段として，Node-RED に用意されているものを探すと次の三つがありました．

- MQTT
- メール
- Twitter

7.1 三つの手段の特徴

三つの機能に対応したサーバのフローが図 7-1 です．追加したのは点線で囲った部分程度で，これ以外はそのまま流用です．たったこれだけの変更で外出先からのリモート・アクセスに対応できるようになるわけです．

それぞれの接続方法について，特徴と今回の使い方について簡単に説明しておきます．

7.1.1 MQTT

MQTT はコラムにもあるように，あたかもチャットのように，サーバ（ブローカと呼ぶ）経由でメッセージのやりとりをするものです．今回は WebSocket で通信している内容をそのまま MQTT 経由で伝えることで，あたかも Raspberry Pi に直接 WebSocket で接続しているかのように見せかけてリモート・アクセスを実現しました．

7.1.2 メール

メールはいつも普通に利用しているメールそのものです．今回は Gmail にテスト用のアカウント

第7章 MQTT/メール/Twitter で外からアクセス

を作成して利用してみました．Raspberry Pi 側で定周期（300 秒ごとにチェックするようにしてみた）でメール・サーバをチェックしに行き，新着メールがあるとそれを受け取り，内部のデータを変更し，現在の出力値をメールで返してきます．

7.1.3 Twitter

Twitter もメールと同様ですが，メールよりもレスポンスが良いのが利点です．ここでは Twitter のリプライ・メッセージ［メッセージの先頭に@(ユーザ名)が付いたもの］が自分宛に来ると，データの更新やデータの読み出しを行って結果を返すようにしてみました．

Twitter アカウントを二つ使えば WebSocket のように使うことも可能ですが，Twitter の場合，放っておくとツィートがどんどん溜まってしまってゴミだらけという感じになってしまいます．今回はメールと同様にメッセージを送るとメッセージが送り返されるだけにしました．

7.2 MQTT の利用

今回のサンプルでは，クライアントのブラウザと Raspberry Pi の間でやり取りされているのは，「D:0」などといったデータのやりとりに過ぎません．つまり，最初の接続時に画面や JavaScript などを含む HTML を受け取った後は，サーバとの間でデータだけやりとりできれば（多少ネットワークのタイム・ラグは生じるにしても）ローカルに置いてあるときと同じように動くわけです．

こうした少量のデータのやり取りをテキスト・ベースで行っている良い例がチャットです．チャット・ルームを選択して接続しメッセージを書き込むと，同じチャット・ルームに接続している全員に

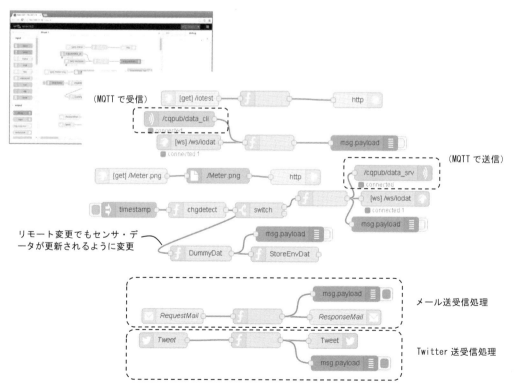

図 7-1　リモート・アクセスへ対応させたデザイン

同じメッセージが配信されます．これを使って大勢の人でおしゃべりをすることができるわけです．もちろん，チャット・サーバに繋ぐためのPCはグローバルIPアドレスである必要はありません．

　これと同じような考え方に基づいてIBMが提唱しているのが，MQTT (MQ Telemetry Transport) と名付けられたプロトコルです．MQTTはオーバーヘッドが少なく，比較的軽量なブローカ・ベースのパブリッシュ/サブスクライブ型メッセージ・プロトコルです（コラム参照）．

　あまり聞きなれない用語が並びましたが，要するに，

- チャット・サーバに相当するものを「ブローカ（仲介者）」
- メッセージを書き込むことを「パブリッシュ（出版）」
- メッセージを受け取ることを「サブスクライブ（購読）」

と称しているだけのことです．

　Node-REDでは「mqtt」ノードが最初から用意されているので，MQTTのプロトコルの詳細を知らなくても簡単に利用することができます．

7.3　MQTTによるリモート・アクセスの考え方

　図7-2が，MQTTによるリモート・アクセスの考え方です．図の上側が今までの状態で，クライアントとサーバ［Raspberry Pi（Node-RED）］の間はWebSocketで接続しています．

　クライアントは，WebSocketを通じてデータの更新やスライダ，ラジオ・ボタンの操作情報などを送り，それを受けてサーバ（Node-RED）側はWebSocket経由で現在のデータや変更後のラジオ・ボタン，スライダの位置情報などを送ります．

　WebSocketで接続されているクライアントが複数あれば，すべてのクライアントに同じ情報が伝わるので，スライダなどの位置も連動するわけです．

　これをベースに，MQTTを使ったリモート・アクセスに対応させたのが図の下側です．右側にあるRaspberry Piがサーバです．

　ここにMQTTの入出力ノードをそれぞれ一つずつ付加しています．MQTTでは「トピック」と呼ばれる識別子があり，この識別子が同じものに対して配信されるのです．ちょうどチャットのルーム名のようなものと考えればよいでしょう．

　送受信のトピック名を同一にしてしまうと，自分やほかのクライアントが送信（パブリッシュ）したものがそのまま受信（サブスクライブ）されてしまい，サーバからのデータなのか否かを判断するのが面倒になりそうなので，トピック名を分けました．

　左側がリモート接続するクライアントとなる側です．図ではサーバと同じRaspberry Piを描いていますが，Node-REDが動けばよいだけなので，PCでもかまいません．PCでNode-REDを動かして，ブラウザでアクセスする先を，

```
http://localhost:1880/iotest
```

という具合にすればよいわけです．

第7章 MQTT/メール/Twitterで外からアクセス

トピック名は，クライアントからサーバ（図の左から右）を/cqpub/data_cli（クライアントが送信したデータという意味），サーバからクライアント（図の右から左）のトピック名を/cqpub/data_srv（サーバが送信したデータという意味）としました．

単純にdata_cliとdata_srvという具合にしてもかまわないのですが，MQTTは世界中の人が使うので，なるべく名前が重複しにくいように/cqpub/を付けてみました．

7.3.1　サーバ側の改造

サーバ側の改造は，WebSocketでやり取りするデータもMQTTでやり取りするものも同じでよいので，単純に「mqtt」ノードを用意して「websocket」ノードと同じところに繋ぐだけです．

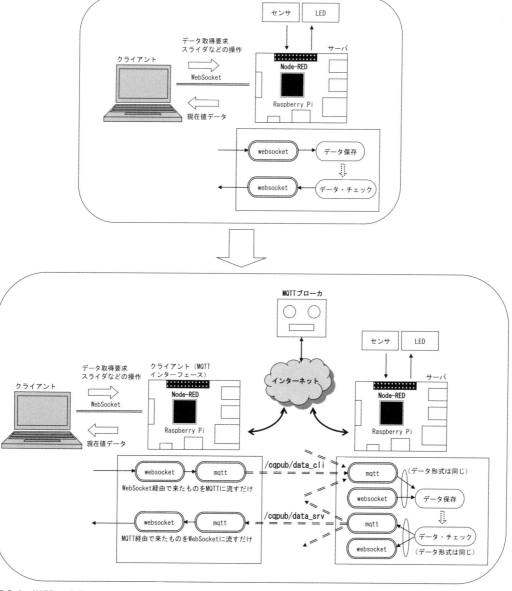

図7-2　MQTTによるリモート・アクセス化

一方，左側の Raspberry Pi はクライアント側と MQTT の間のインターフェース用です．こちらは I/O アクセスなどはないので Raspberry Pi である必要はなく，Node-RED が動いている PC でもかまいません．

「mqtt」ノードの接続と設定は図 7-3 のようになっています．クライアントからのメッセージ（左

✓ **小容量データ交換に適したプロトコル MQTT**

小容量のデータを多数の機器でやりとりする手段として最近注目されているのが，MQTT（MQ Telemetry Transport）です．元々は 1999 年に IBM と Eurotech 社のメンバにより考案されたプロトコルで，狭帯域の回線で少量のデータをやりとりする際に向いています．イメージとしては，グループ・チャットのデータ通信版と考えればよいでしょう．センサ・データを取得して MQTT ブローカに送る（送信する側をパブリッシャと呼ぶ）と，MQTT ブローカが接続されている受信側（サブスクライバと呼ぶ）全員に送信してくれるのです．

パブリッシャ，サブスクライバのどちらも複数あってもかまわないので，1 対 N や N 対 N のやりとりに使うこともできます．本書のサンプルのように，トピック名（チャット・ルーム名のようなものと考えればよい）を用途別に分けるという使い方ももちろん可能です．

チャットと同様に，MQTT でやり取りする両者ともにプライベート IP アドレスでかまいません．例えば，センサを付けた Raspberry Pi を Wi-Fi が繋がる環境に置けば，その場所の情報を配信することができるわけです．MQTT を使えば，センサ・データや制御出力などのやりとりが MQTT ブローカ（チャット・サーバに相当）を使って簡単に行えます．

ただし，メールやチャット・サーバと同様に，MQTT ブローカはグローバル IP アドレスを持っている必要があるので，インターネット上のどこかに MQTT ブローカが必要です．

MQTT ブローカのソース・コードは公開されているものもあるので，グローバル IP アドレスを利用できる環境にあれば自分でブローカを立てることもできますが，ユーザ登録などをしなくてもフリーで使える MQTT ブローカ（public brokers）のリストが参考文献 1 にあります．そのなかには，

```
test.mosquitto.org
iot.eclipse.org
```

などがあります．MQTT ブローカの一つである，

```
broker.mqttdashboard.com
```

の運営者のサイト（参考文献 2）を見ると，最新のトピック名（チャット・ルームに例えればルーム名のようなもの）と，やりとりされているデータが表示されています．MQTT ノードに同じトピック名を設定すれば，そのまま同じデータを受信できますし，誰かが同じトピックに無意味なデータを送ることも出来てしまいます．

MQTT ブローカの中には SSL による接続が行えるようにしているものもあるので，セキュリティが必要な場合はそちらを利用するとよいでしょう．

第7章 MQTT/メール/Twitter で外からアクセス

側）では，WebSocket と MQTT のどちらから受け取ったものも同じ「function」ノードの入力になるので，どちらの入力も同じ扱いになっています（区別しない）．メッセージ出力側は，「websocket」ノードと「mqtt」ノードに同じものを出力します．

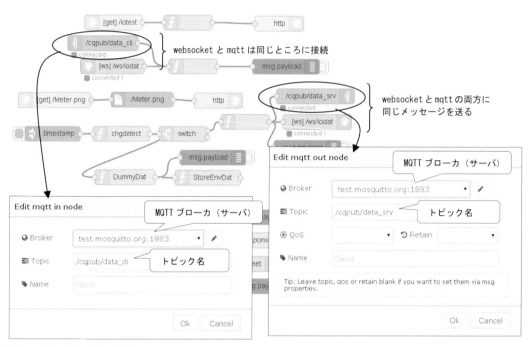

図 7-3 サーバの MQTT の設定

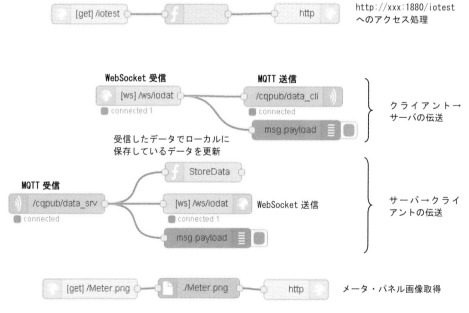

図 7-4 クライアント（MQTT インターフェース）のデザイン

「mqtt」の設定は図の通りです．ここでは MQTT のブローカとして，ユーザ登録なども不要でフリーで使える

 test.mosquitto.org

を利用しました．

クライアントからの入力ノードのトピック名は/cqpub/data_cli，サーバ側からの出力ノードは/cqpub/data_srv としています．

7.3.2 クライアント側の作成

クライアント側は図 7-4 のようなごくシンプルなものです．クライアント側の Node-RED でやることは，WebSocket で受け取ったデータなどをそのまま MQTT で送信し，逆に MQTT で受け取ったデータはそのまま WebSocket で返せばよいだけです．

図の一番上と一番下の部分は HTTP によるページのアクセスやメータの画像ファイルを得るためのもので，この部分の作りはサーバ側と全く同じです．

異なるのは中央部分で，ここで，WebSocket 経由で到達したものをそのまま MQTT で送ったり，MQTT 経由で来たものを WebSocket で送り返します．

「mqtt」ノードの設定は図 7-5 のようになっています．クライアント側の出力ノードが/cqpub/data_cli，サーバからの入力ノードが/cqpub/data_srv となるほかは，サーバ側と同じです．

図 7-5　クライアント（MQTT インターフェース）の MQTT の設定

7.4 メールの利用

　MQTTの利用にはMQTTブローカや，MQTTによるデータ送受信を行うプログラムが必要です．PCのようにNode-REDをインストールできる環境であればよいのですが，スマートフォンのように対応が難しい場合などもあるでしょう．

　もう少し手軽な手法として，メールを使えるようにしてみます．Node-REDが使用するメール・アカウントを一つ用意しておいて，そのアカウントにメールが届くと現在のボタンやスライダ位置，センサ値などの情報を返してくるという仕様です．

　Node-REDには，メール送受信ノード（「e-mail」ノード）が用意されているので，基本的にはアカウントとパスワードを設定するだけです．

　なお，今回はテスト用にGmailを使いましたが，Gmailでは，

アカウント情報⇒接続済みのアプリとサイト⇒安全性の低いアプリの許可

で，アプリからのアクセスを「有効」に設定しておく必要があります（「有効」にしないと，Node-REDからのアクセスが拒否されてしまった）．

7.4.1　e-mailノードの設定

　「e-mail」ノードは「social」カテゴリにあります．「e-mail」ノードの設定は**図 7-6**のようにします．図はGmailを使用したときの例です．

　「Userid」にはGmailのアカウント，「Password」にはパスワードを設定します．送受信サーバやポート番号はGmailの場合は次のようになっています．Gmail以外のときはそれぞれのメール・サーバに応じて設定してください．

- 受信側
  Server：imap.gmail.com
  Port：993
- 送信側
  Server：smtp.gmail.com
  Port：465

　受信側「e-mail」ノードの「Refresh」欄は受信メール・サーバのチェック周期です．ここでは300秒に設定しているので，メール到着後，最大5分たってから応答することになります．

7.4.2　メール送受信ファンクション

　今回は，メールを利用して，

- ラジオ・ボタンやスライダ値の設定変更
- 現在のディジタル/アナログ/センサ値の返信

を行いました．この処理を「function」ノードに記述しました．処理は**リスト 7-1**のようになっています．

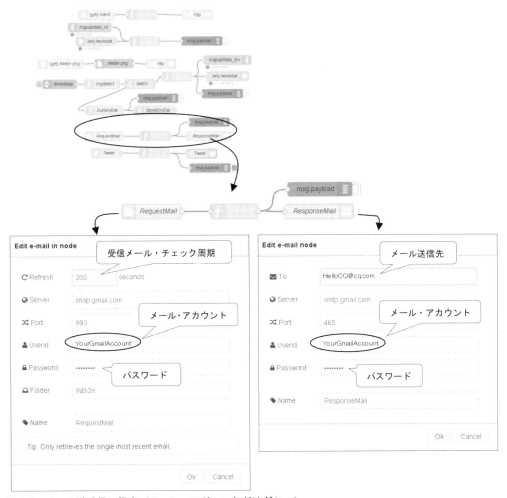

図7-6 メール送受信の設定（メール・アドレスなどはダミー）

メールで送信時に，

 D:1

や

 A:35

という具合に"："（コロン）で種別と値を区切ったものを与えると，ラジオ・ボタン値がONになったり，スライダ値が35に設定されたりします．なお，ここではDとAを同時に設定することには対応させていません．"："をセパレータとしてsplit()を使って分離することで，例えば「A:35」は

 n[0]='A'
 n[1]='35'

という具合に分離されます．返信されるデータは次のような3行のデータです．

 D:0
 A:020
 T:001:Press 1002.03hPa Temp 23.59degree

第7章 MQTT/メール/Twitterで外からアクセス

リスト7-1 追加したメール送受信のfunctionノードのコード

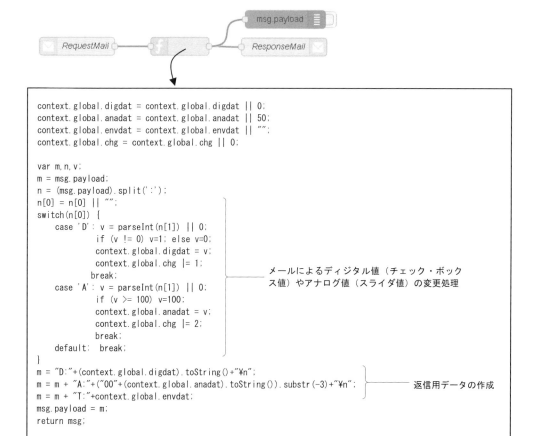

これを作成しているのが，リストの下の方で変数mに設定しているところです．最後に変数mで作成したものを，

 msg.payload=m;

でメッセージに設定した後，

 return msg;

でメッセージを返します．

これが「e-mail」ノード（Name：ResponseMail）経由でメール送信されるわけです．

7.5 Twitterの利用

ネットワーク上のプロトコルでは，メール送受信とTwitterの送受信では随分と扱いが変わるはずですが，Node-RED上からの扱いは特別変わることはありません．

7.5.1 twitterノードの設定

「twitter」ノードも「social」カテゴリにあります．図7-7はTwitterの送受信処理部分と「twitter」ノードの設定です．データの流れはメールの場合と同じで，

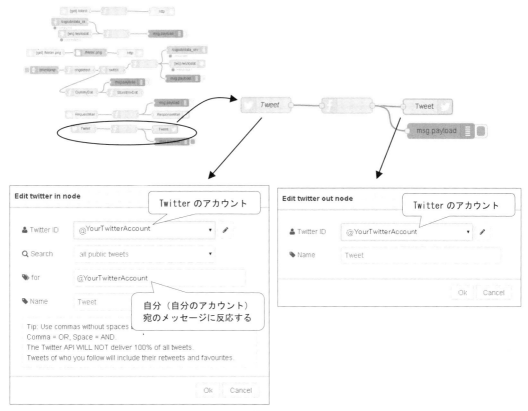

図 7-7　Twitter 送受信の設定（アカウント名などはダミー）

- Twitter 経由でメッセージ受け取り
- 「function」ノードでメッセージの処理と，応答メッセージ（メールのものと内容は同じ）を作成
- 応答メッセージを Twitter 経由で返却

となっています．

「twitter」ノードでは図のように Twitter のアカウントを設定します．受信側は「for」欄に自分の Twitter ID を「@MyTwitterAccount」のように設定しておくと，自分宛のメッセージ，つまりメッセージの先頭に「@MyTwitterAccount」が付いているものが来たときだけ応答します．

ここでは，例えば，

　　@MyAccount:D:0

や

　　@MyAccount:A:95

などという具合に，アカウント名の後ろに":"（コロン）で区切ってアナログやディジタル設定値を設定します（アカウント名の直後に":"を付けることを忘れないようにする）．

なお，「twitter」ノードを最初に利用するときには認証が必要になります．図 7-8 のようなダイアログが表示されるので，クリックして認証するとアカウント名が自動的にセットされます．

第7章 MQTT/メール/Twitter で外からアクセス

図7-8 「twitter」ノードの初期設定時の認証

7.5.2 Twitter 送受信ファンクション

Twitter でもメールと同様に受信データでディジタル/アナログ値の設定や，現在の状態を返信します．**リスト7-2** が Twitter でメッセージが到着したときの処理です．

Twitter の場合，受信データの先頭にアカウント名を付けた

```
@MyAccount:A:95
```

のような形で到達するので，":" をセパレータにして split()を使って分離しています．この例なら

リスト7-2 追加した Twitter 送受信の function ノードのコード

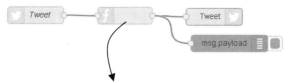

```
context.global.digdat = context.global.digdat || 0;
context.global.anadat = context.global.anadat || 50;
context.global.envdat = context.global.envdat || "";
context.global.chg = context.global.chg || 0;

var m, n, v;
m = msg.payload;
n = (msg.payload).split(':');
n[0] = n[0] || "";
switch(n[0]) {
    case 'D': v = parseInt(n[1]) || 0;
              if (v != 0) v=1; else v=0;
              context.global.digdat = v;
              context.global.chg |= 1;
              break;
    case 'A': v = parseInt(n[1]) || 0;
              if (v >= 100) v=100;
              context.global.anadat = v;
              context.global.chg |= 2;
              break;
    default:  break;
}
m = "D:"+(context.global.digdat).toString()+"¥n";
m = m + "A:"+("00"+(context.global.anadat).toString()).substr(-3)+"¥n";
m = m + "T:"+context.global.envdat;
msg.payload = m;
return msg;
```

受信メッセージ処理
「@ユーザ・アカウント：」が先頭に付くので，一つずつずれる

返信メッセージ作成

ば，

```
n[0]='@MyAccount'
n[1]='A'
n[2]='95'
```

という具合になるので，n[1]で種別，n[2]で値を得てディジタル/アナログ設定値を変更します．

7.6 実行してみよう

ファイル名は，サーバ側を mqtttest_srv.json，クライアント側を mqtttest_cli.json としました．出来上がったら動かしてみましょう．

クライアント側は Windows 版でもかまいませんし，クライアント側がなくても Twitter やメールによるアクセスはできるので試してみてください．

7.6.1 MQTT によるサーバとクライアントの連動

図 7-9 はクライアント側とサーバ側の画面です．ここでは Raspberry Pi（IP アドレス：192.168.11.16）をサーバに，PC をクライアントとして Node-RED を動作させておき，ブラウザでサーバとクライアント（自分自身ですが）にアクセスしたときのものです．

図のように，クライアントとサーバに同じ画面が現われ，一方でスライダやラジオ・ボタンを操作すると，もう一方も少し遅れて（MQTT 経由で渡す時間がかかるので）連動動作することが確認できます．

7.6.2 メールによる連携動作

Node-RED 用に用意した Gmail のメール・アドレスにメールを送ると，返信でデータが返って来ます（返信先はメール送信用の「e-mail」ノードに設定したところになる）．図 7-10 は Yahoo メールから，Gmail に送って確認したときのものです．

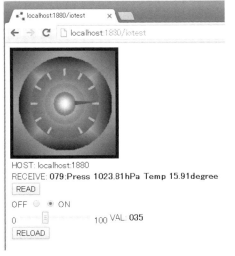

(a) クライアント側の画面　　　　　　　　　　(b) サーバ側の画面

図 7-9　MQTT を使ったクライアントとサーバの連動動作テスト

第7章 MQTT/メール/Twitterで外からアクセス

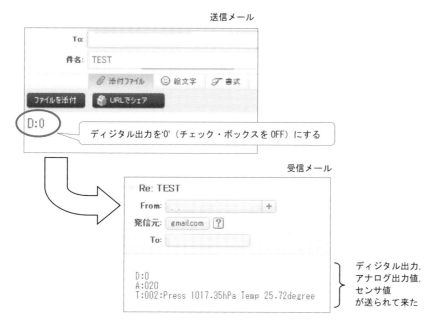

図7-10 メール送受信のテスト

図の上側のように，YahooメールからメールにB文に「D:0」と書いて送ります．メールが受け取られると，Raspberry Piから返信が返ってきます．今回はチェック周期が300秒（5分）とやや長いので，しばらく待ってください．図では，

```
D:0
A:020
T:002:Press 1017.35hPa Temp 25.72degree
```

という結果が返って来ています．もし，ブラウザでメータ画面を表示していれば，メールで送った内容によってチェック・ボックスやスライダの状態が変化することが確認できます．

7.6.3 Twitterによる連携動作

Twitterの場合にはメールよりも素早い反応が得られます．図7-11がTwitterによる応答テストを行ったときの画面です．

下側が先に送ったメッセージで，

```
@yourtwitteraccount:A:35
```

という具合に，自分自身のアカウントにメッセージを送ります．これがNode-REDで受け付けられて，

```
D:1
A:035
T:017:Press 995.433hPa Temp 23.31degree
```

という結果が返って来ています．図では，コマンド受け付けが40秒前，結果の返信が39秒前なので，この間1秒しかたっていません．

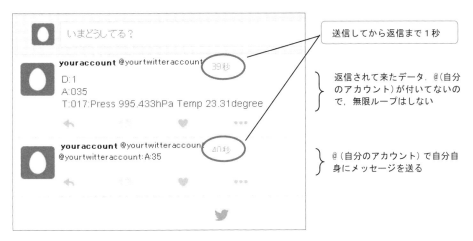

図7-11 Twitter 送受信のテスト（アカウント名などは加工している）

もちろん，ネットワークの混雑具合などにも依存しますが，Twitter の利用でかなりレスポンス良くやりとりできることが分かります．

7.7 本章のまとめ

近年注目されてきている MQTT ブローカによるデータ交換や，Twitter，メールといった従来からあるサービスを利用したリモート制御/ステータス取得を行ってみました．

普通にプログラムを組んで利用しようとすると，何かと面倒の多そうなこれらのサービスですが，Node-RED ならば，あっけないほど簡単にできてしまうことが実感できたのではないかと思います．

外部からアクセスできるサーバというと，どうしてもグローバル IP アドレスが必須のように考えられがちですが，MQTT などの外部のデータ/メッセージ交換サービスを利用すれば，プライベート IP アドレスしか持てない環境であっても，遠隔で情報を取得できるという実例にもなったのではないかと思います．

赤外線リモコンと連動させて，帰宅前にエアコンの電源を入れたり，遠方に置いたモニタリング装置のデータを取るといったような，さまざまな応用も可能でしょう．

第8章 Raspberry Pi+Arduino で拡張 I/O

ここまでは Node-RED を動かすことが主眼でしたので，チェック・ボックスやスライダの値は内部に変数で持つだけ，センサ値も乱数を使ってダミーで作成しているだけでした．

本章では Node-RED を使って外部との入出力（I/O）を行ってみることにします．テスト用の接続は図 8-1 のようにしました．

気圧/温度センサの LPS25H を I²C バスで接続し，LED やスイッチを Raspberry Pi の GPIO 端子に，そして Arduino を USB で接続しました．Arduino との間は Firmata と呼ばれるマイコン I/O 拡張用のプロトコルを利用しています．

8.1 Node-RED が持つ主な入出力手段

図 8-2 は Raspberry Pi 版の Node-RED に用意された入出力系のノードです［このほか，シリアル

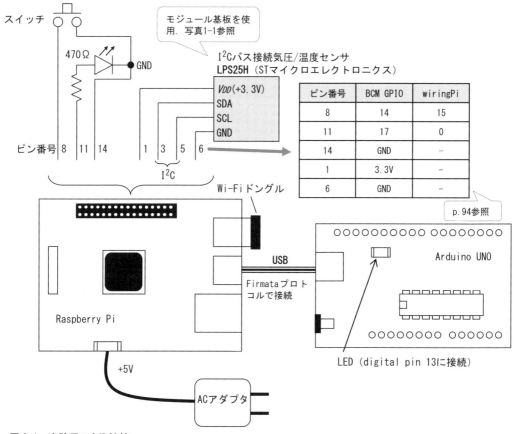

図 8-1　実験用の I/O 接続

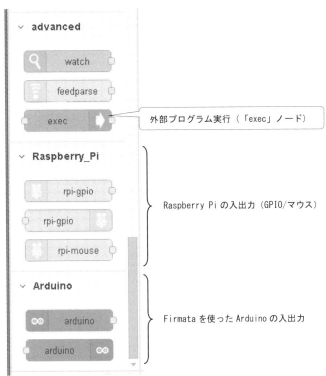

図8-2　入出力系のノード

入出力（COMポート）などもある］．

Raspberry Piから外部出力を行う手段として，Node-REDのノード・リスト上では，

- exec（外部コマンドの起動）
- rpi-gpio, rpi-mouse（Raspberry Pi固有のI/O．GPIO入出力，マウス入力）

が用意されており，さらに最初に紹介したようにFirmataをインストールすると，

- arduino（ArduinoのI/O）

も利用できるようになります．

8.2　execノードで外部コマンドを起動

Node-RED内でも「function」ノードを使えばJavaScriptによるプログラムを動作させることができますが，I/Oアクセスなどはあまり自由には行えませんし，既存のアプリケーションがあって基本的な入出力ができているような場合に，わざわざ一からプログラムを組み直すのは大変です．

「exec」ノードを使うと，Node-RED上からほかのプログラム（外部コマンド，外部プログラム）を起動し，結果を受け取ることができます．

NOOBSを使ってRaspbianをインストールした時点で，さまざまなユーティリティがインストール済みになっているので，これらを「exec」ノードを使って呼び出すだけでもいろいろなことが自由に行えることでしょう．

また，Cコンパイラなどの基本的な開発ツールもひと通りインストール済みになっているので，C言語などの使い慣れた言語でプログラムを作り，それをNode-REDから呼び出して使うということももちろん可能です．

今回はこれを利用して，I²Cバスに接続した気圧/温度センサLPS25Hにアクセスするプログラムを作成して，Node-REDから利用することにしました．

8.3 rpi-gpioノードでGPIO入出力．ここではPWM出力

Raspberry Pi版のNode-REDには，Raspberry PiのGPIOアクセスのための専用ノードが用意されています．これを利用するとGPIO経由での入出力が簡単に行えます．

今回はこれをPWM出力として利用し，スライダ値によってLEDの明るさを変えてみました．

8.4 arduinoノードでArduinoのI/Oをコントロール

Node-REDのインストールに加えてFirmataをインストールしておくと，図8-2のように「arduino」ノードが現れます．

「arduino」ノードを使う場合，Node-REDとArduinoの間はFirmataと呼ばれる通信プロトコルを利用します．

ArduinoにはFirmata対応のファームウェアを書き込んでおきます．図8-3のように，Arduino-IDE上で「StandardFirmata」を選んで書き込みます．

今回はArduino UNOを使い，チェック・ボックスのON/OFF選択によって，ボード上にあるLED

図8-3 ArduinoにStandardFirmataを書き込む

> ✓ PCからマイコンを制御するためのプロトコル Firmata
>
> Firmataは，マイコンとPCなどを接続するためのシリアル通信プロトコルです．サンプルでは，Firmata対応のファームウェアが用意されていることから，Arduino UNOを利用しました．Firmataプロトコル自体は使用するチップに依存しないつくりになっているので，ほかのワンチップ・マイコンでもFirmata対応のファームウェアを用意すれば同じように利用できます．
>
> Firmataは電子楽器系で使われてきたMIDIを参考に作られており，ディジタル入出力，アナログ入出力，ピンの動作モード設定など，マイコンを拡張I/Oとして利用するときに必要となるコマンドとデータ・フォーマットを定義しています．詳細は参考文献1,2を参考にしてください．
>
> Node-REDからFirmataを利用する場合，通信プロトコルの細かな仕様や動作については「arduino」ノードで隠蔽されるので，実際のプロトコルがどのようになっているかを意識する必要はありません．

（digital pin 13に接続されている）を点灯/消灯してみました．

8.5 入出力テスト用フローの作成

本格的にこれらの機能を取り込む前にまずは簡単なフローを作成して，それぞれの基本的な動作を確認しておくことにしましょう．なお，LPS25Hについてはこのテストではアクセスせず，コマンドラインに引数が渡されるかを確認するプログラムを作成してそれを呼び出してみることにしました．

ノードの配置は図8-4のようにしました．上から順に，

- Arduino上のLEDを点滅
- Raspberry Piに繋いだLEDの輝度をPWMで変化させる
- Raspberry Piに繋いだスイッチの読み取り（変化検出）
- 外部プログラムの起動

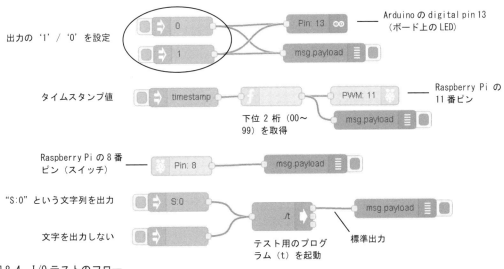

図8-4 I/Oテストのフロー

第8章 Raspberry Pi+Arduinoで拡張 I/O

という四つのテスト項目になっています．

8.5.1 Arduino 上の LED を点滅

図 8-5 のように「arduino」ノードと「inject」ノードを設定します．

「arduino」ノードでは Arduino のデバイス名を登録する必要があります．右側のアイコンをクリックして，自動検索させると図のようにデバイス名が見つかります．「Pin」は「13」番（LED が接続されている）を設定し，「Type」（動作モード）は「Digital (0/1)」にします．これで，msg.payload に '0' や '1' がセットされてくると，出力が "High"（LEDは点灯）や "Low"（LEDは消灯）になります．

'1' や '0' の生成はここでは「inject」ノードを使いました．図のように，string で '0' を出力するノードと '1' を出力するノードを用意して，「inject」ノードをクリックすることで LED を点滅できるようにしました．

'0' 出力の方は「Inject once at start?」にチェックを入れて，フローがスタートしたときに自動的に '0' が送られて LED が消灯状態になるようにしました．

8.5.2 Raspberry Pi の GPIO 出力（ここでは PWM 出力で LED 輝度調整）

Raspberry Pi の出力ピンは PWM 出力に設定して，LED の輝度調整を行ってみました．図 8-6 の

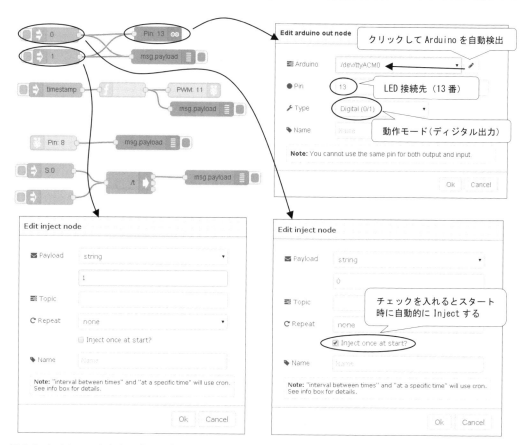

図 8-5 Arduino に出力する際の設定

8.5 入出力テスト用フローの作成

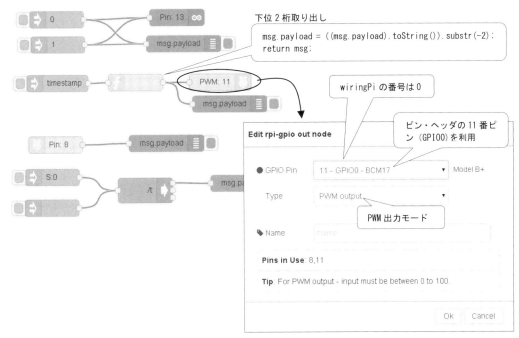

図 8-6 PWM 出力の設定

ように，「rpi-gpio」ノード（Raspberry Pi の GPIO 出力）の設定で 11 番ピン（GPIO0）を PWM 出力に設定します．

PWM 出力では 0～100 が有効な設定値範囲なので，図中のリストのように，タイムスタンプ値［エポック（1970 年）からの経過時間を ms 単位の数値にしたもの］の下位 2 桁を「function」ノードで切り出すことで 0～99 の値を得ています．クリックするたびに値が変わる簡易的な乱数値です．

8.5.3 Raspberry Pi の GPIO 入力（スイッチ入力）

Raspberry Pi の 8 番ピン（シリアル通信モードなら TxD 端子）と GND の間にスイッチを入れて読み出せるようにしました．図 8-7 のように「rpi-gpio」ノード（入力）を設定します．

スイッチはピンと GND の間を短絡するか否かだけなので，このままだと OFF 状態のときにはピンの状態が不定になってしまいます．

そこで，「Resistor?」欄を「pullup」にすることで，スイッチが OFF ならプルアップによって '1'（High レベル）になり，スイッチを ON にすると GND と直結されるため '0' が読み出されるようになります．

「Read initial state...」とあるチェック・ボックスにチェックを入れておくと，起動時に自動的に値を読み込みます．

「rpi-gpio」ノード（入力）は常時値を読み出すのではなく，変化があったときだけ出力端子に状態が出力されます．このため起動後ずっと変化がないと 1 回もデータが送られてこないということになり，GPIO の状態が不明になってしまいます．「Read initial state...」にチェックを入れておくと，起動時に強制的に読み出されるため初期状態が明確になります．

第8章 Raspberry Pi+Arduino で拡張 I/O

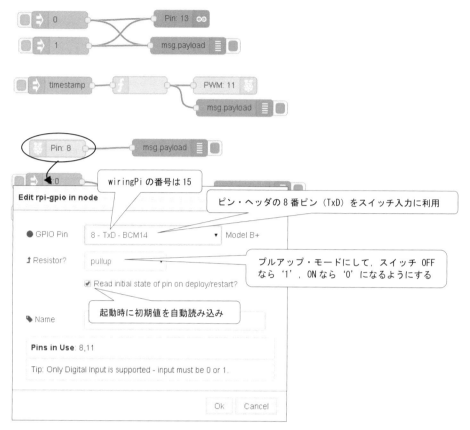

図 8-7 GPIO 入力（スイッチ入力）設定

8.5.4 exec ノードで外部プログラムの起動

サンプルの各ノードの設定は図 8-8 のようになっています．

「exec」ノードには入力が1点，出力が3点あります．入力側からメッセージが到達すると，「exec」ノードに設定された外部プログラムを実行します．

このとき，msg.payload がパラメータ（引数）になります．

今回は「exec」ノードには ./t というプログラム名を設定しておき，入力には「inject」ノードを二つ用意して "S:0" と空欄に設定しました．

空欄側をクリックするとシェル（コマンドライン）上から，

./t

と実行したときと同じになり，S:0 側をクリックすると，

./t S:0

と実行したのと同じになります．

8.5 入出力テスト用フローの作成

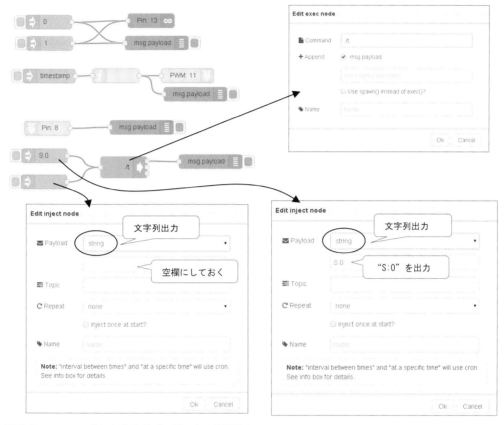

図8-8 execノードによる外部プログラムの起動設定

「exec」ノードの出力は，上から順に，

- 標準出力
- 標準エラー出力
- エラー・コード出力

になっています．ここでは標準出力を使用しています．Cでプログラムを組んだときにprintfなどで出力した文字列がそのまま「exec」ノードの出力のmsg.payloadにセットされてくるわけです．

今回「exec」ノードから実行させたプログラムtのソース・コードは**リスト8-1**です．ファイル名は単純にt.cとしました．処理内容は単にコマンド名と引数をすべて表示するというもので，「inject」

リスト8-1 コマンド，引数表示のCプログラム t.c

```
#include <stdio.h>
int main(int argc, char *argv[])
{
    int i;
    for (i=0; i<argc; i++) {
        printf("[%s]",argv[i]);      コマンドと引数を表示
    }
    printf("\n");
    return(0);
}
```

第8章 Raspberry Pi+Arduinoで拡張I/O

ノードで与えた文字が確かに引数となっていることを確認してみます．

コンパイルは，シェル（コマンドライン）上から，

 cc -o t t.c

とします．-oオプションが出力ファイル名指定です（指定がないときはa.outになる）．

8.6 入出力テスト用フローの動作確認

図8-9が動作確認したときのデバッグ出力です．

起動すると，

- Raspberry Piのディジタル（スイッチ）入力の読み込み
- '0'出力「inject」ノードによるArduinoのLED消灯

が行われ，それぞれ'1'（プルアップによる），'0'が表示されています．

この後は，次のように操作しました．

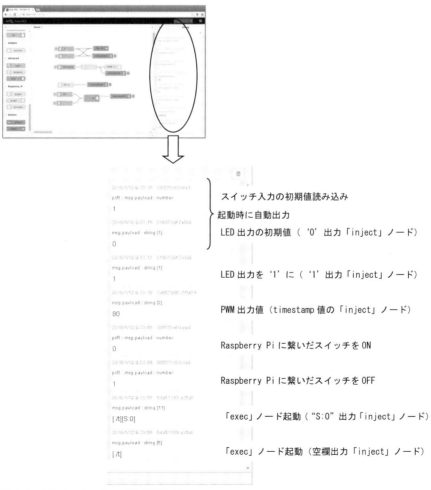

図8-9 I/Oテスト・サンプルの動作例

1. '1' 出力の「inject」ノードをクリック（Arduino の LED 点灯）
2. timestamp 値の「inject」ノードをクリック（PWM 出力）
   ここでは 80 が出力されている
3. スイッチを ON（'0' になる）
4. スイッチを OFF（'1' に戻る）
5. S:0 出力の「inject」ノードで「exec」ノードを起動
   "./t S:0" と "S:0" を引数として実行した状態になっている
6. 空欄出力の「inject」ノードで「exec」ノードを起動
   "./t" と引数なしで実行された状態になっている

8.7 メータ付きアプリケーションに入出力を追加

入出力関係ノードの動作が確認できたところで，アプリケーションに組み込んでみましょう．

図 8-10 が入出力を付加したアプリケーションで，丸で囲んだノードが変更や追加があった部分を示しています．

ファイル名は ioctrl_srv.json としました．クライアント側は変更ありませんが，一応名前を合わせて ioctrl_cli.json にしました．

さて，サーバ側の変更点を順を追って見ていきましょう．

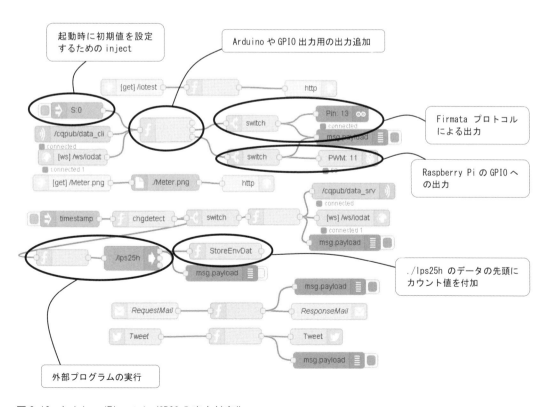

図 8-10　Arduino (Firmata) /GPIO 入出力対応化

8.7.1 Arduino/PWM 出力

「arduino」ノードによる Arduino ボード上の LED の点滅と「rpi-gpio」ノードによる GPIO0（ピン・ヘッダの 11 番ピン）の PWM 出力は I/O テストのときと同じです．

WebSocket や MQTT による設定値の変更があったときに，内部の変数の変更とともに Arduino や GPIO ピンへの出力を行います．このために少し細工をしました．

出力値初期化用の inject ノードの追加

このままだと，起動した後に WebSocket や MQTT などから設定変更要求があるまで出力値が設定されないことになります．

そこで，初期設定値を出すためのコマンド（S コマンド）を追加しました．"S:0" の「inject」ノードを起動時に動作するように設定しました（I/O テストのときの '0' 出力の「inject」ノードと同じ）．

function ノードに Arduino/PWM 用の出力を追加

これまでの「function」ノードでは，内部のラジオ・ボタンやスライダなどの値の変更，画面リフレッシュなどの要求発生はグローバル変数にセットするだけでしたが，今度は「arduino」ノードや「rpi-gpio」ノードへの出力が必要になります．

C 言語の関数は，基本的に関数を呼び出したところに戻るという仕様なので，戻り値は一つだけですが，Node-RED の場合には戻り値というよりも「出力値」なので，図のように複数の出力を持たせることができます．

図 8-11 のように，「Outputs」欄の数を変更すると，「function」ノードに設定した数の出力端子が現れます．戻り値（「function」ノードからの出力）はあくまでもメッセージなので，変数の宣言や戻り値の返し方が少し変わってきます．

リスト 8-2 のように msg オブジェクトを生成し，return 時には [ ] で囲った中に msg オブジェクトを","（カンマ）で区切って並べます．このとき，一番左に書いたものが「function」ノードの一番上の出力になります．

ここでは，ラジオ・ボタンによるディジタル・データ（dmsg.payload）やスライダによるアナログ・データ（amsg.payload）は，値の更新がないときは -1 にすることで通常の出力データと区別できるようにしました．

「function」ノードの中身はリスト 8-3 です．コメントを付けた部分が追加部分です．

switch ノードで値を見て出力用ノードに渡す

出力値は，

- 変更がないときは -1
- 変更/設定が必要なときは出力値

となっています．

8.7 メータ付きアプリケーションに入出力を追加

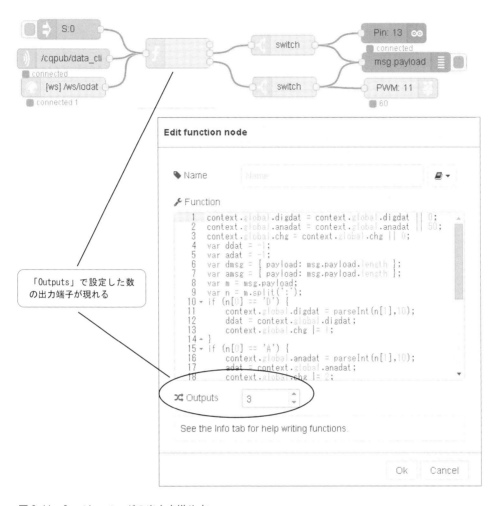

図8-11 functionノードの出力を増やす

リスト8-2 複数メッセージ出力の記述方法

```
var dmsg = { payload: msg.payload.length };   ┐
var amsg = { payload: msg.payload.length };   ┘ ── メッセージ・オブジェクトの作成
　‥‥
msg.payload = m;
dmsg.payload = ddat;   ┐
amsg.payload = adat;   ┘ ── payloadに値を設定
return [msg, dmsg, amsg];
```

リスト 8-3　function ノードのコード（網掛け部分は追加変更部分）

```
context.global.digdat = context.global.digdat || 0;
context.global.anadat = context.global.anadat || 50;
context.global.chg = context.global.chg || 0;
var ddat = -1;        ┐ 変化がないときは-1にしておく
var adat = -1;        ┘
var dmsg = { payload: msg.payload.length };   ┐ msg オブジェクトの作成
var amsg = { payload: msg.payload.length };   ┘
var m = msg.payload;
var n = m.split(':');
if (n[0] == 'D') {
    context.global.digdat = parseInt(n[1],10);
    ddat = context.global.digdat;          ← ディジタル・データ出力値セット
    context.global.chg |= 1;
}
if (n[0] == 'A') {
    context.global.anadat = parseInt(n[1],10);
    adat = context.global.anadat;          ← アナログ・データ出力値セット
    context.global.chg |= 2;
}
if (n[0] == 'R') {
    context.global.chg |= 4;
}
if (n[0] == 'T') {
    context.global.chg |= 8;
}
if (n[0] == 'S') {
    ddat = context.global.digdat;          ┐ 起動時に初期値をセット
    adat = context.global.anadat;          ┘
}
msg.payload = m;      ┐
dmsg.payload = ddat;  ├ payload に値を設定
amsg.payload = adat;  ┘
return [msg, dmsg, amsg];       ← 三つの msg オブジェクト出力
```

そこで，「switch」ノードを利用して値が負のときは「arduino」ノードや「rpi-gpio」ノードにメッセージが伝わらないようにブロックします．

「switch」ノードの設定は図 8-12 のようにします．判定条件を ">=0" とすることで，msg.payload の値が正のときだけ出力され，負のとき（値変更なしのとき）は無視されるようになります．

8.7.2　外部プログラムによる気圧/温度データ取得

Raspberry Pi の I²C バスに LPS25H（ST マイクロエレクトロニクス）という気圧/温度センサを接続してみました．I²C を利用するときは，I²C をイネーブルしておく必要があります．具体的な方法はインストールのところで説明したので参考にしてください．

リスト 8-4 が気圧/温度データ取得部分です．最初の「function」ノードでは起動後の 1 回目か 2 回目以降かで引数の有無を切り替えています．

LPS25H を最初に使用するときにコントロール・レジスタをセットアップする必要があります．毎回セットアップするのもむだなので，今回は LPS25H の読み出しプログラムで，

- 引数があるときはセットアップを実行してから気圧/温度データを取得
- 引数がないときは気圧/温度データだけ取得

という具合にしてみました．

8.7 メータ付きアプリケーションに入出力を追加

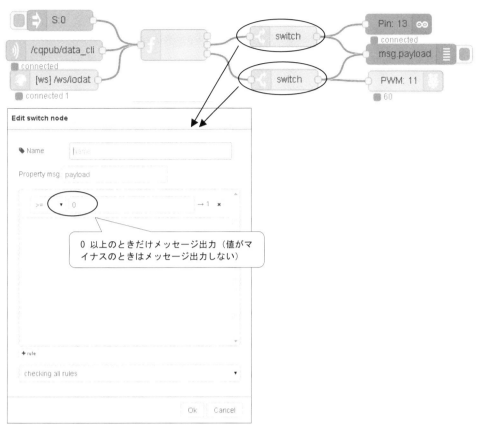

図8-12 switchノードの設定

リスト8-4 気圧/温度センサLPS25Hの読み込みコード

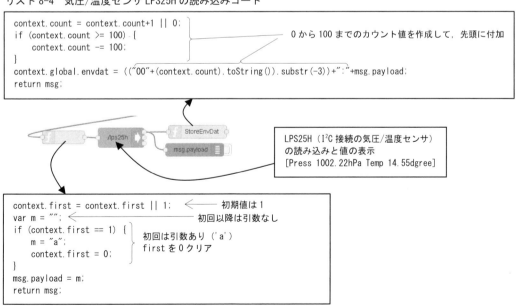

I/Oテストで分かったように，msg.payload に入れたものが引数として利用されるので，最初の1回だけ引数を付加します．

これを引数にして気圧/温度センサの読み込みを行います．**リスト 8-5** は LPS25H の読み込みプロ

リスト 8-5　LPS25H 読み込みプログラム lps25h.c

```c
#include <stdio.h>
#include <wiringPi.h>
#include <wiringPiI2C.h>

#define    LPS25H_ADRS    0x5c
#define    LPS25H_ID      0xbd

int main(int argc, char *argv[])
{
    int fd;
    int dat,press,temp;
    float fpress, ftemp;

    if (argc >= 2) {
        if (piBoardRev() == 1) {
            system("gpio load i2c");
        } else {
            system("sudo modprobe i2c_dev");
            system("sudo modprobe i2c_bcm2708");
        }                                            ┐初期化時にドライバ組み込み
    }

    fd = wiringPiI2CSetup(LPS25H_ADRS);
    if (fd < 0) {
        printf("I2C Open Err:-\n");
        return(1);
    }

    if (argc >= 2) {
        wiringPiI2CWrite(fd,0x0f);
        dat = wiringPiI2CRead(fd);
        if (dat != LPS25H_ID) {
            printf("LPS25H is not found.(%02XH)", dat);   ┐初期化時にコントロール・レジスタのセットアップ
            return(1);
        }
        wiringPiI2CWriteReg8(fd, 0x20, 0x90);
        delay(1000);
    }

    press = wiringPiI2CReadReg8(fd, 0x28);
    press += wiringPiI2CReadReg8(fd, 0x29) << 8;
    press += wiringPiI2CReadReg8(fd, 0x2a) <<16;     ┐気圧データ取得
    fpress = press;
    fpress /= 4096.0+0.005;

    temp = wiringPiI2CReadReg8(fd, 0x2b);
    temp += wiringPiI2CReadReg8(fd, 0x2c) << 8;
    ftemp = temp;                                    ┐気温データ取得
    if (temp & 0x8000)
        ftemp = ftemp-65536;
    ftemp = (ftemp /480.0)+42.5+0.005;

    printf("Press %3.2fhPa Temp %3.2fdgree\n",fpress, ftemp);
                                        気圧/気温データ表示（exec ノードの出力になる）
    return(0);

}
```

グラム lps25h のソース・コードです．ファイル名は lps25h.c としました．

I²C アクセスには wiringPi というライブラリを利用します．これはすでにインストールされています．コンパイル時には，

> "wiringPi" の前に付いているのは，小文字の L

```
cc -o lps25h lps25h.c -lwiringPi
```

という具合に，wiringPi ライブラリとリンクしてください．

ソース・コードの最初の方でドライバの組み込みを行っています．I²C をイネーブルにしても I²C バス・ドライバが組み込まれないようなので，初期化時にプログラム中で組み込んでいます．Raspberry Pi 2 の場合には gpio ユーティリティではうまく組み込めなかったので，modprobe コマンドを使っています．

最後に printf で気圧/温度データを表示しています．これが exec ノードの出力値になります．

「exec」ノードに繋がる「function」ノードではこのセンサ値にカウント値を付加しています（メータの位置表示になる）

ここでは，まだダミー値のようなものですが，もちろんアナログ入力などを行って，0〜100 の値にして付加すれば，その値に応じてメータが動きます．

8.8 実行してみよう

出来上がったら Deploy しましょう．使い方は mqtttest_srv.json のときと同じです．クライアント側になる mqtttest_cli.json もそのまま利用できます．

画面自体は図 8-13 のように変わるところはありませんが，ラジオ・ボタンで Arduino の LED が点滅し，スライダを操作すると LED の輝度が変わります．また，今までダミーだったセンサ値は LPS25H から読み出された実際の気圧/気温になっています．

メールや Twitter による設定変更や現在の状態読み出しも，同じように動作することを確認してください．

現在のメータ値はダミーのようなものですが，A-D 変換した値を利用してボリュームの回転に連動して動かしたり，ほかのセンサ値を表示するのに利用することもできるでしょう．

8.9 本章のまとめ

Node-RED から実際に外部の入出力を行ってみました．

一般的なマイコンの場合，内部レジスタの構成やビット配置などを把握して細かなレジスタ操作が必要ですし，Raspberry Pi のような Linux ボードの場合には OS によるアクセス保護機構があるために，どうしてもそれらをかいくぐってアクセスするのが面倒なことも多いのですが，Raspberry Pi 上の Node-RED では，「rpi-gpio」ノードを配置/設定するだけで簡単に扱えます．

また，ここではマイコンをインテリジェント I/O として利用する Firmata を利用してみました．

Firmataはもっぱら Arduino で使われることが多いようですが，Firmata プロトコル自体はチップに依存しないので，ほかのマイコンに移植し，分散処理のようなことを行わせるのもよい使い方ではないかと思います．

さらに「exec」ノードを利用すれば用途は無限大と言ってもよいでしょう．今回は I^2C バスの気圧/温度センサ・アクセスに利用しましたが，ほかのアプリケーションを起動して利用するということ

(a) サーバ (Raspberry Pi) 側

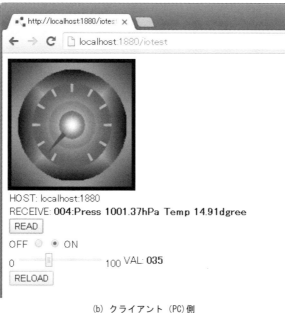

(b) クライアント (PC) 側

図 8-13　サンプル動作画面

にも利用できます.

　例えば，Raspberry Piにカメラを繋ぐと，raspistillコマンドで静止画撮影が行えますが，これを「exec」ノードから呼び出すようにすれば，クライアントからアクセスがあったときにraspistllコマンドが起動され，生成された画像ファイルを「file」ノードで読み出すというようにすれば，ライブ・カメラのようなものがすぐに作れるという具合です.

　ぜひ，いろいろな使い道を見つけてみてください.

あとがき

　いわゆる入門書のような，全体を網羅するようなものではなかなか Node-RED の面白さが伝わらないと思い，IoT 的なアプリケーションを作るというスタイルをとってみましたがいかがだったでしょうか．

　ノードそのものの説明や，オリジナルのノードの作成，「function」ノードの記述方法の詳細など，不足しているものはいろいろあると思いますが，本書のようなアプリケーションを作成し，動かす上で必要な範囲はひと通り網羅できていると思います．ここまで理解できていれば，インターネット上の説明を読むことで不足分は十分に補えることでしょう．

　最初，この本の企画が持ち込まれたとき，Node-RED のようなビジュアル・プログラミングなんて役に立つようなものなのか，そもそもそんなもので実際に IoT 的なアプリケーションなど作れるものなのかなど，抱いていた数々の懸念と不安は，使い始めるとすぐに見事に吹き飛ばされました．ノードを配置し，接続していくことで動いてしまう気楽さ，便利さに慣れてしまうと，もはや Node-RED のない環境には後戻りできない感じさえしています．

　本書ではネットワークを使ってブラウザからのアクセスをメインに据えましたが，もちろん Node-RED はネットワーク対応しなくてはならないというものではありません．UART などを使った実験装置の制御やデータを取り込むといった用途など，ブラウザからのアクセスを行わない一般的な組み込みマイコンのような使い方にも十分に対応できるはずです．

　Node-RED がみなさんのお役に立てることを，そして本書がそのための一助となれば幸いです．

参考文献

第 3 章

1. http://nodered.org/docs/getting-started/installation.html
2. https://nodejs.org/en/download/stable
3. http://firmata.org/wiki/Main_Page
4. https://www.arduino.cc/en/Reference/Firmata
5. http://nodered.org/docs/hardware/raspberrypi.html

第 4 章

1. http://nodered.org/docs/writing-functions.html

第 5 章

1. http://nodered.org/docs/writing-functions.html

第 6 章

1. https://github.com/mqtt/mqtt.github.io/wiki/public_brokers
2. http://www.mqtt-dashboard.com/dashboard

第 8 章

1. http://firmata.org/wiki/Main_Page
2. https://www.arduino.cc/en/Reference/Firmata

上記 URL は，2016 年 2 月時点での情報です．

索引/Index

●A,B,C,D

a Buffer 55
a utf8 string 55
apt-get 18, 20
Arduino 7, 9, 10, 19, 20, 72, 73, 74, 75, 76, 80, 81, 82, 87, 88
Arduino-IDE 74
arduino ノード 74, 76, 82, 84
beginPath() 50
Canvas 48, 49, 50, 56
closePath() 50
debug ノード 21, 28
Deploy 22, 27, 44, 87

●E,F,G

e-mail ノード 64, 66, 69
exec ノード 12, 73, 78, 79, 81, 87, 88, 89
fill() 50
Firmata 19, 20, 72, 73, 74, 87, 88, 91
Flash 49
function ノード 11, 12, 22, 23, 25, 27, 36, 40, 42, 50, 62, 64, 67, 73, 77, 82, 84, 87, 90
get 18, 45
GET 21, 22, 23, 26, 31, 32, 36
Gmail 57, 64, 69
GPIO 19, 72, 73, 74, 76, 77, 82, 87

●H,I

HDMI 6, 13
HTML5 48
HTTP ... 10, 21, 22, 23, 26, 30, 31, 34, 36, 63
http response ノード 22, 26, 27, 37, 55
http ノード 22, 23, 27, 55
I²C 7, 8, 12, 16, 72, 74, 84, 87, 88
Import 44
Inject once at start? 76
input カテゴリ 23
Internet of Things 6
IoT 6, 90

●J,L,M

Java Applet 49
JavaScript 2, 11, 12, 23, 25, 30, 31, 32, 34, 37, 44, 48, 49, 54, 56, 58, 73
json 22, 29, 44, 48, 69, 81, 87
LED 7, 8, 9, 19, 72, 74, 75, 76, 80, 81, 82, 87
lineTo() 50
Linux 6, 7, 13, 14, 22, 87
LPS25H 72, 75, 84, 86, 87
Method 23
microSD 13, 15
MQTT 8, 57, 58, 59, 60, 61, 62, 63, 64, 69, 71, 82
mqtt ノード 59, 60, 61, 62, 63
msg.payload 25, 43, 45, 66, 76, 78, 79, 84, 86

●N,O,P

Node.js 19, 21, 36
Node.js command prompt 19
NOOBS 13, 14, 15, 73
npm 19, 20
Outputs 82

output カテゴリ 26
Pin 76
position:absolute 50
Property 45
pullup 77
PWM 74, 75, 76, 77, 81, 82

●R,S

Raspberry Pi 2, 6, 7, 8, 9, 10, 12, 13, 14, 15, 16, 17, 18, 19, 20, 22, 29, 30, 44, 57, 58, 59, 61, 69, 70, 72, 73, 74, 75, 76, 77, 80, 84, 87, 89
Resistor? 77
rpi-gpio ノード 77, 82, 84
RS-232-C 7
SD 13, 15
set 45
social カテゴリ 64, 66
SPI 16
split() 34, 40, 65, 68
StandardFirmata 74
stroke() 50
switch ノード 42, 43, 45, 84

●T,U,W,Z

template ノード 23, 25, 27, 28, 44, 45
timestamp 36, 81
Twitter 8, 10, 57, 58, 66, 67, 68, 69, 70, 71, 87
twitter ノード 66, 67
Type 76
Typed Input widget 45
UART 20, 90
URL 21, 23, 55, 91, 94

WebSocket ... 8, 29, 30, 31, 32, 34, 36, 37, 40, 41, 42, 44, 57, 58, 59, 60, 62, 63, 82
websocket ノード 31, 60, 62
Wi-Fi 13, 14, 17
wiringPi 87
z-index 50

●ア行,カ行

応答 11, 22, 23, 26, 64, 67, 70
オブジェクト 2, 45, 54, 82
グローバル変数 36, 45, 82
コネクション 31

●サ行

サブスクライブ 59
スイッチ 72, 75, 77, 80, 81
接続 2, 6, 7, 8, 9, 12, 13, 15, 17, 18, 19, 23, 26, 30, 31, 32, 34, 40, 55, 57, 58, 59, 61, 64, 72, 74, 75, 76, 84, 90

●タ行,ナ行

データ・フロー 22, 30
ノード 10

●ハ行

パブリッシュ 59
ビジュアル・プログラミング 2, 11, 12, 90
ブローカ 57, 59, 63, 64, 71

●マ行,ラ行

メール 8, 10, 57, 58, 64, 65, 66, 67, 68, 69, 70, 71, 87
レイヤ 49, 50
レスポンス 20, 22, 26, 58, 71

本書のサポート・ページ

本書のサポート・ページは下記 URL になります．

　http://www.cqpub.co.jp/toragi/Node-RED/index.htm

本書掲載プログラム，本書の内容に関する補足情報などは，上記 URL で提供しています．

Raspberry Pi の GPIO ヘッダ

BCM	wiringPi	信号名	ピン・ヘッダ		信号名	wiringPi	BCM
-	-	3.3V	1	2	5V	-	-
2	8	SDA1	3	4	5V	-	-
3	9	SCL1	5	6	GND	-	-
4	7	1-Wire	7	8	TxD	15	14
-	-	GND	9	10	RxD	16	15
17	0	GPIO0	11	12	GPIO1	1	18
27	2	GPIO2	13	14	GND	-	-
22	3	GPIO3	15	16	GPIO4	4	23
-	-	3.3V	17	18	GPIO5	5	24
10	12	MOSI	19	20	GND	-	-
9	13	MISO	21	22	GPIO6	6	25
11	14	SCLK	23	24	CE0	10	8
-	-	GND	25	26	CE1	11	7
0	30	SDA0	27	28	SCL0	31	1
5	21	GPIO21	29	30	GND	-	-
6	22	GPIO22	31	32	GPIO26	26	12
13	23	GPIO23	33	34	GND	-	-
19	24	GPIO24	35	36	GPIO27	27	16
26	25	GPIO25	37	38	GPIO28	28	20
-	-	GND	39	40	GPIO29	29	21

著者略歴

桑野 雅彦(くわの まさひこ)

1984 年 早稲田大学理工学部卒.東京芝浦電気㈱(現 ㈱東芝)入社

1998 年 開発・設計を行う個人事業主として独立

現在,パステルマジック代表

● 主な著書

Inside X68000,1992 年,ソフトバンク出版事業部.
Outside X68000,1993 年,ソフトバンク出版事業部.
X68030 inside/out,1994 年,ソフトバンク出版事業部.
パソコンのレガシィ I/O 活用大全,2000 年,CQ 出版社.
最新メモリ IC 規格表 2000 年版,2000 年,CQ 出版社.
メモリ IC の実践活用法,2001 年,CQ 出版社.
PC ストレージ・デバイス活用大全,2003 年,CQ 出版社.
はじめての PSoC マイコン,2004 年,CQ 出版社.
はじめての 78K マイコン,2006 年,CQ 出版社.
最新メモリ IC 規格表 2006/2007,2006 年,CQ 出版社.
最新メモリ IC 規格表 2008/2009,2008 年,CQ 出版社.
PSoC マイコン・スタートアップ,2009 年,CQ 出版社.
改訂 はじめての PSoC マイコン,2010 年,CQ 出版社.
ARM で OS 超入門,2011 年,CQ 出版社.

ほか,雑誌記事多数.

- **本書記載の社名，製品名について** ── 本書に記載されている社名および製品名は，一般に開発メーカーの登録商標です．なお，本文中では™，®，©の各表示を明記していません．
- **本書掲載記事の利用についてのご注意** ── 本書掲載記事は著作権法により保護され，また産業財産権が確立されている場合があります．したがって，記事として掲載された技術情報をもとに製品化をするには，著作権者および産業財産権者の許可が必要です．また，掲載された技術情報を利用することにより発生した損害などに関して，CQ出版社および著作権者ならびに産業財産権者は責任を負いかねますのでご了承ください．
- **本書に関するご質問について** ── 文章，数式などの記述上の不明点についてのご質問は，必ず往復はがきか返信用封筒を同封した封書でお願いいたします．勝手ながら，電話での質問にはお答えできません．ご質問は著者に回送し直接回答していただきますので，多少時間がかかります．また，本書の記載範囲を越えるご質問には応じられませんので，ご了承ください．
- **本書の複製等について** ── 本書のコピー，スキャン，デジタル化等の無断複製は著作権法上での例外を除き禁じられています．本書を代行業者等の第三者に依頼してスキャンやデジタル化することは，たとえ個人や家庭内の利用でも認められておりません．

JCOPY〈出版者著作権管理機構委託出版物〉
本書の全部または一部を無断で複写複製(コピー)することは，著作権法上での例外を除き，禁じられています．本書からの複製を希望される場合は，出版者著作権管理機構(TEL：03-5244-5088)にご連絡ください．

インターフェースSPECIAL
ブラウザでお絵描きI/O！ Node-REDで極楽コンピュータ・プログラミング

2016年5月1日　初版発行　　　　　　　　　　　　　　　　　　　　©桑野 雅彦 2016
2020年1月1日　第2版発行　　　　　　　　　　　　　　　　　　　　(無断転載を禁じます)

著　者　桑　野　雅　彦
発行人　寺　前　裕　司
発行所　Ｃ Ｑ 出 版 株 式 会 社
(〒112-8619) 東京都文京区千石4-29-14
電話　編集　03-5395-2123
　　　広告　03-5395-2131
　　　営業　03-5395-2141

ISBN978-4-7898-4931-9
定価は表四に表示してあります
乱丁，落丁本はお取り替えします

編集担当　熊谷　秀幸
表紙デザイン　花本　浩一
印刷・製本　三晃印刷株式会社
Printed in Japan